普通高等教育"十三五"规划教材（计算机专业群）

基于 C#的可视化编程基础

主　编　张蕾蕾　黄　健

副主编　和智横　梁文博　董　咪　贾明珠

中国水利水电出版社
www.waterpub.com.cn
·北京·

内 容 提 要

C#是目前最为流行的程序设计语言之一。本书以 Microsoft Visual Studio 2013 为平台，以培养高等工程技术应用型人才为目标，以工程应用为背景，深入浅出地讲解了 C#的可视化开发基础知识；在内容取材上，力求简明精练，以够用为度；在讲述方法上，既注重基本内容、基本方法的介绍，力求通俗易懂，又强调理论与实际融会贯通，通过大量的实用例程突出本书的实用性。

全书共分 7 章，其中第 1 章至第 4 章介绍 C#基本语法、基本数据类型、循环控制语句、类与对象、集合、命名空间、Windows 窗体、菜单和菜单组件、Windows 窗体的美化、WinForm 应用程序常用控件、Windows 应用程序高级控件、容器、对话框设计、界面布局、第三方组件库；第 5 章和第 6 章介绍 SQLite 开发基础和网络编程基础；第 7 章是一个综合范例——餐厅管理系统的设计。所有知识点均结合具体实例进行介绍，涉及的程序代码都给出了详细的注释，通过实例与代码设计有机结合使读者轻松领会 C#应用程序开发的精髓，快速提高开发技能。

本书可作为高等学校计算机或工科非计算机专业的程序设计教材，也可供从事软件开发的爱好者参考。

本书配有免费电子教案，读者可以从中国水利水电出版社网站以及万水书苑下载，网址为：http://www.waterpub.com.cn/softdown/或 http://www.wsbookshow.com。

图书在版编目（CIP）数据

基于C#的可视化编程基础 / 张蕾蕾，黄健主编. -- 北京：中国水利水电出版社，2019.3

普通高等教育"十三五"规划教材. 计算机专业群

ISBN 978-7-5170-7533-2

Ⅰ. ①基… Ⅱ. ①张… ②黄… Ⅲ. ①C语言—程序设计—高等学校—教材 Ⅳ. ①TP312.8

中国版本图书馆CIP数据核字(2019)第051196号

策划编辑：石永峰　责任编辑：张玉玲　加工编辑：吕慧　封面设计：李佳

书　名	普通高等教育"十三五"规划教材（计算机专业群） 基于 C#的可视化编程基础 JIYU C# DE KESHIHUA BIANCHENG JICHU
作　者	主　编　张蕾蕾　黄健 副主编　和智横　梁文博　董咪　贾明珠
出版发行	中国水利水电出版社 （北京市海淀区玉渊潭南路 1 号 D 座　100038） 网址：www.waterpub.com.cn E-mail: mchannel@263.net（万水） 　　　　 sales@waterpub.com.cn 电话：（010）68367658（营销中心）、82562819（万水）
经　售	全国各地新华书店和相关出版物销售网点
排　版	北京万水电子信息有限公司
印　刷	三河航远印刷有限公司
规　格	184mm×260mm　16 开本　13.25 印张　324 千字
版　次	2019 年 3 月第 1 版　2019 年 3 月第 1 次印刷
印　数	0001—3000 册
定　价	35.00 元

凡购买我社图书，如有缺页、倒页、脱页的，本社营销中心负责调换

版权所有·侵权必究

前　　言

　　Visual Studio 2013 是微软公司推出的新一代可视化开发平台。作为创建企业规模的 Web 应用程序和高性能的桌面应用程序所推出的.NET 框架构建，该平台在很多方面进行了很大改进。C#是 Visual Studio 2013 开发平台上最主流的开发语言。

　　C#语法结构简单，在很多方面都与 C 和 C++极其相似。C#是一种完全面向对象的程序设计语言，具备面向对象的封装、继承、多态等基本特征。随着在实际中的广泛应用，C#引起了广大计算机应用开发者的学习兴趣，兴起了学习和使用 C#的热潮。随着组件对象的不断进步和 Internet 应用的不断普及，高校有必要将 C#作为程序设计的入门语言。本书正是在这一背景下编写的，适合各高校选作程序设计的教材。

　　本书是作者结合多年教学经验并依据应用实践编写而成的，全面系统地介绍了 C#程序设计的基础知识。依照读者的认知规律，全书分为 7 章。其中第 1 章至第 4 章介绍 C#基本语法、基本数据类型、循环控制语句、类与对象、集合、命名空间、Windows 窗体、菜单和菜单组件、Windows 窗体的美化、WinForm 应用程序常用控件、Windows 应用程序高级控件、容器、对话框设计、界面布局、第三方组件；第 5 章介绍 SQLite 开发基础，掌握此数据库用法，基本上可以操作当前主流关系型数据库；第 6 章介绍网络编程基础；第 7 章是一个综合范例——餐厅管理系统的设计，读者可全面学习 C#的可视化应用设计。

　　本书概念清晰、层次分明、逻辑性强，内容选材上由浅入深、循序渐进、实例丰富经典，而且每章后均配有丰富的习题，供读者练习与自测。

　　本书的重点是 C#程序设计基础方法，并对网络与数据库开发及实现提供必要的基本知识。本书是为计算机专业的学生和从事计算机软件开发的技术人员编写的，也适合非计算机专业学生使用，尤其适合 C#初学者作为入门教材使用。

　　本书由西安邮电大学理学院张蕾蕾任第一主编并统稿，西安科技大学通信学院黄健任第二主编并负责内容审核和部分章节编写，西安科技大学通信学院和智横、梁文博、董咪、贾明珠任副主编。编写分工如下：张蕾蕾编写第 1 章至第 4 章，梁文博、和智横、董咪、贾明珠编写第 5 章和第 6 章，黄健编写第 7 章。

　　在编写本书过程中，我们得到了许多专家和同仁的热情帮助与大力支持，在此一并表示感谢。

　　由于作者水平有限，书中疏漏甚至错误之处在所难免，恳请读者批评指正。

编 者
2019 年 1 月

目　　录

前言

第1章　C#基础 ………………… 1
1.1　基本语法 …………………… 1
1.1.1　C#概述 ………………… 1
1.1.2　编写第一个 C#程序 …… 1
1.2　基本数据类型 ……………… 2
1.2.1　值类型 ………………… 2
1.2.2　引用类型 ……………… 3
1.2.3　枚举类型 ……………… 4
1.3　循环与跳转语句 …………… 5
1.3.1　循环语句 ……………… 5
1.3.2　跳转语句 ……………… 8
1.4　类与对象 …………………… 11
1.4.1　类 ……………………… 11
1.4.2　类的面向对象特性 …… 13
1.5　集合 ………………………… 16
1.5.1　ArrayList 类 …………… 16
1.5.2　Hashtable 类 …………… 20
1.6　命名空间 …………………… 22
1.7　习题 ………………………… 23

第2章　可视化设计基础 ………… 25
2.1　窗体的基本概念 …………… 25
2.1.1　Form 窗体的概念 ……… 25
2.1.2　添加和删除窗体 ……… 25
2.1.3　多窗体的使用 ………… 27
2.1.4　窗体的属性 …………… 28
2.1.5　窗体的显示与隐藏 …… 30
2.1.6　窗体的事件 …………… 31
2.2　多文档界面 ………………… 33
2.2.1　MDI 窗体的概念 ……… 33
2.2.2　如何设置 MDI 窗体 …… 34
2.3　菜单和菜单组件 …………… 38
2.4　窗体界面的美化 …………… 41
2.5　习题 ………………………… 43

第3章　WinForm 控件基础 ……… 44
3.1　TextBox 控件 ………………… 44
3.2　Label 控件 …………………… 47
3.3　Button 控件 ………………… 48
3.4　Combobox 控件 ……………… 50
3.5　PictureBox 控件 ……………… 52
3.6　ImageList 控件 ……………… 52
3.7　ListBox 控件 ………………… 56
3.8　Listview 控件 ………………… 59
3.9　TreeView 控件 ……………… 67
3.10　MonthCalendar 控件 ……… 71
3.11　NumericUpDown 控件 …… 75
3.12　Timer 控件 ………………… 77
3.13　DateTimerPicker 控件 …… 78
3.14　ProgressBar 控件 ………… 82
3.15　习题 ………………………… 83

第4章　高级界面设计 …………… 84
4.1　容器介绍 …………………… 84
4.2　对话框设计 ………………… 85
4.3　界面布局 …………………… 87
4.3.1　Dock&Anchor …………… 87
4.3.2　Padding&Margin ………… 89
4.3.3　AutoSize ………………… 89
4.4　第三方组件库 ……………… 89
4.5　习题 ………………………… 90

第5章　SQLite 数据库 …………… 91
5.1　SQLite 简介 ………………… 91
5.2　SQLite 开发工具 …………… 91
5.3　SQLite 的 SQL 语法 ………… 96
5.3.1　SQLite Studio 的 SQL 操作 …… 96
5.3.2　INSERT 语句 …………… 96
5.3.3　运算符和 WHERE 子句 …… 97
5.3.4　SELECT 语句 …………… 99

5.3.5 UPDATE 语句 ……………… 99	7.7.2 PinyinHelper 公共类 …………… 132	
5.3.6 DELETE 语句 ……………… 100	7.7.3 SqliteHelper 公共类 …………… 133	
5.3.7 LIKE 子句 ………………… 100	7.8 登录模块设计 ………………………… 135	
5.4 C#调用 SQLite 接口 …………………… 101	7.8.1 系统登录模块概述 …………… 135	
5.5 习题 …………………………………… 105	7.8.2 系统登录模块技术分析 ……… 135	
第 6 章 网络编程基础 ……………………… 106	7.8.3 系统登录模块实现过程 ……… 136	
6.1 TCP/IP 简介 …………………………… 106	7.9 主界面模块设计 ……………………… 138	
6.2 Socket 编程基础 ……………………… 107	7.9.1 主界面模块概述 ……………… 138	
6.2.1 什么是 Socket ………………… 107	7.9.2 主界面模块技术分析 ………… 138	
6.2.2 Socket 相关概念 ……………… 108	7.9.3 主界面模块实现过程 ………… 142	
6.3 基于 UDP 的数据传输 ………………… 110	7.10 店员信息模块设计 …………………… 145	
6.3.1 UDP 介绍 ……………………… 110	7.10.1 店员信息模块概述 ………… 145	
6.3.2 .NET 平台对 UDP 编程的支持 …… 110	7.10.2 店员信息模块技术分析 …… 146	
6.3.3 UDP 编程的具体实现 ………… 111	7.10.3 店员信息模块实现过程 …… 149	
6.4 基于 TCP 的数据传输 ………………… 115	7.11 会员信息模块设计 …………………… 152	
6.5 习题 …………………………………… 124	7.11.1 会员信息模块概述 ………… 152	
第 7 章 综合范例——餐厅管理系统的设计 …… 125	7.11.2 会员信息模块技术分析 …… 153	
7.1 开发背景 ……………………………… 125	7.11.3 会员信息模块实现过程 …… 158	
7.2 系统分析 ……………………………… 125	7.12 餐桌管理模块设计 …………………… 169	
7.2.1 需求分析 ……………………… 125	7.12.1 餐桌管理模块概述 ………… 169	
7.2.2 可行性分析 …………………… 125	7.12.2 餐桌管理模块技术分析 …… 169	
7.3 系统设计 ……………………………… 126	7.12.3 餐桌管理模块实现过程 …… 173	
7.3.1 系统目标 ……………………… 126	7.13 菜品管理模块设计 …………………… 182	
7.3.2 系统流程图 …………………… 126	7.13.1 菜品管理模块概述 ………… 182	
7.3.3 系统编码规范 ………………… 127	7.13.2 菜品管理模块技术分析 …… 183	
7.4 系统运行环境 ………………………… 127	7.13.3 菜品管理模块实现过程 …… 187	
7.5 数据库与数据表设计 ………………… 128	7.14 结账付款模块设计 …………………… 197	
7.5.1 数据库分析 …………………… 128	7.14.1 结账付款模块概述 ………… 197	
7.5.2 数据表逻辑关系设计 ………… 128	7.14.2 结账付款模块技术分析 …… 197	
7.6 创建项目 ……………………………… 130	7.14.3 结账付款模块实现过程 …… 200	
7.7 公共类设计 …………………………… 132	**参考文献** ……………………………………… 205	
7.7.1 Md5Helper 公共类 …………… 132		

第 1 章 C#基础

1.1 基本语法

1.1.1 C#概述

C#是微软公司推出的一种语法简洁、类型安全的面向对象编程语言,开发人员可以通过它编写在.NET Framework 上运行的各种安全可靠的应用程序。近几年 C#的使用人数呈现上升趋势,这也说明了 C#语言的简单、现代、面向对象和类型安全等特点正在被更多人所认同。C#具有以下突出特点:

- 语法简洁。不允许直接操作内存,去掉了指针操作。
- 彻底的面向对象设计。C#具有面向对象语言所应有的一切特性:封装、继承和多态。
- 与 Web 紧密结合。C#支持绝大多数的 Web 标准,如 HTML、XML、SOAP 等。
- 强大的安全机制。可以消除软件开发中常见的错误,.NET 提供的垃圾回收器能够帮助开发者有效地管理内存资源。
- 兼容性。因为 C#遵循.NET 的公共语言规范,从而能够保证与其他语言开发的组件兼容。
- 灵活的版本处理技术。因为 C#语言本身内置了版本控制功能,因此开发人员能更加容易地开发和维护应用程序。
- 完善的错误、异常处理机制。C#提供了完善的错误异常处理机制,使程序在交付使用时能够更加健壮。

1.1.2 编写第一个 C#程序

我们使用 Visual Studio 和 C#语言来编写第一个程序,程序在控制台上显示字符串"Hello World!"。

【例 1.1】创建一个控制台应用程序,使用 WriteLine 方法输出"Hello World!"字符串。
代码如下:

```
    static void Main(string[] args)           //在 main 方法下编写代码输出数据
    {
        Console.WriteLine("Hello World!");    //输出"Hello World!"
        Console.ReadLine();
    }
```

程序运行结果如下:
    Hello World!

1.2 基本数据类型

1.2.1 值类型

值类型变量直接存储其数据值，主要有整数类型、浮点类型、布尔类型等。值类型变量在堆栈中进行分配，因此效率很高。使用值类型的主要目的是提高性能。值类型具有以下特征：

- 值类型变量都存储在堆栈中。
- 访问值类型变量时，一般都是直接访问其实例。
- 每个值类型变量都有自己的数据副本，因此对一个值类型变量的操作不会影响其变量。
- 复制值类型变量时，复制的是变量的值，而不是变量的地址。
- 值类型变量不能为 null，必须具有一个确定的值。

下面详细介绍值类型中包含的几种数据类型。

1. 整数类型

整数类型代表一种没有小数点的整数数值，在 C#中内置的整数类型如表 1-1 所示。

表 1-1 C#内置的数据类型

类型	说明	范围
sbyte	8 位有符号整数	-128～127
short	16 位有符号整数	-32768～32767
int	32 位有符号整数	-2147483648～2147483647
long	64 位有符号整数	-9223372036854775808～9223372036854775807
byte	8 位无符号整数	0～255
ushort	16 位无符号整数	0～65535
uint	32 位无符号整数	0～4294967295
ulong	64 位无符号整数	0～18446744073709551615

【例 1.2】创建一个控制台应用程序，在其中声明一个 int 类型的变量 a 并初始化为 10、一个 byte 类型的变量 b 并初始化为 24，最后输出。

代码如下：

```
static void Main(string[] args)
{
    int a = 10;                         //声明一个 int 类型的变量 a
    byte b = 24;                        //声明一个 byte 类型的变量 b
    Console.WriteLine("a={0}", a);      //输出 int 类型的变量 a
    Console.WriteLine("b={0}", b);      //输出 byte 类型的变量 b
    Console.ReadLine();
}
```

程序运行结果如下：

  a=10
  b=24

  此时，如果将 byte 类型的变量 b 赋值为 266，重新编译程序就会出现错误提示。主要原因是 byte 类型的变量是 8 位无符号整数，它的范围为 0～255，266 已经超出了 byte 类型的范围，所以编译程序会出现错误提示。

  2. 浮点类型

  浮点类型变量主要用于处理含有小数的数值数据。浮点类型主要包含 float 和 double 两种数值类型。表 1-2 列出了这两种数值类型的描述信息。

表 1-2 浮点类型及描述

类型	说明	范围
float	精确到 7 位数	$1.5 \times 10^{-45} \sim 3.4 \times 10^{38}$
double	精确到 15～16 位数	$50 \times 10^{-324} \sim 1.7 \times 10^{308}$

  【例 1.3】下面的代码就是将数值强制指定为 float 类型和 double 类型。

```
float myFlo = 1.23F;        //使用 F 强制指定为 float 类型
float myflo = 9.23f;        //使用 f 强制指定为 float 类型
double myDou = 11D;         //使用 D 强制指定为 double 类型
double mydou = 92d;         //使用 d 强制指定为 double 类型
```

  3. 布尔类型

  布尔类型主要是用来表示 true/false 值。一个布尔类型的变量，其值只能是 true 或者 false，不能将其他的值指定给布尔类型变量。布尔类型变量不能与其他类型进行转换。

1.2.2 引用类型

  引用类型是构建 C#应用程序的主要对象类型数据。在应用程序执行过程中，预先定义的对象类型以 new 创建对象实例并存储在堆栈中。堆栈是一种由系统弹性配置的内存空间，没有特定大小及存活时间，因此可以弹性地运用于对象的访问。引用类型具有如下特征：

- 必须在托管堆中为引用类型变量分配内存。
- 必须使用关键字 new 来创建引用类型变量。
- 在托管堆中分配的每个对象都有与之相关联的附加成员，这些成员必须被初始化。
- 引用类型变量是由垃圾回收机制来管理的。
- 多个引用类型变量可以引用同一对象，这种情形下，对一个变量的操作会影响另一个变量所引用的同一对象。
- 引用类型被赋值前的值都是 null。

  所有被称为"类"的都是引用类型，主要包括类、接口、数组和委托。下面通过一个实例来演示如何使用引用类型。

  【例 1.4】创建一个控制台应用程序，在其中创建一个类 C，在该类中建立一个字段 value 并初始化为 0，然后在程序的其他位置通过 new 创建对该类的引用类型变量，最后输出。

  代码如下：

```
class Programe
{
    class C
    {
        public int value = 0;
    }
    static void Main(string[] args)
    {
        int v1 = 0;                  //声明变量 v1 并初始化为 0
        int v2 = v1;                 //声明变量 v2 并将 v1 赋值给 v2
        v2 = 99;                     //重新将变量 v2 赋值为 99
        C r1 = new C();              //使用 new 关键字创建引用对象
        C r2 = r1;                   //使 r1 等于 r2
        r2.value = 112;              //设置变量 r2 的 value 值
        Console.WriteLine("value:{0},{1}", v1, v2);   //输出变量 v1 和 v2
        //输出引用类型对象的 value 值
        Console.WriteLine("refs:{0},{1}", r1.value, r2.value);
        Console.ReadLine();
    }
}
```

程序运行结果如下：

```
value:0,99
refs:112,112
```

1.2.3 枚举类型

枚举类型是一种独特的值类型，用于声明一组具有相同性质的常量。编写与日期相关的应用程序时，经常需要使用年、月、日、星期等数据，可以将这些数据组织成多个不同名称的枚举类型。使用枚举类型可以增加程序的可读性和可维护性。同时，枚举类型可以避免类型错误。在定义枚举类型时，如果不对其进行赋值，默认情况下，第一个枚举数的值为 0，后面每一个枚举数的值依次递增 1。

在 C#中使用关键字 enum 来声明枚举，形式如下：

```
enum 枚举名
{
    list1 = value1,
    list2 = value2,
    list3 = value3,
    ...
    listN = valueN,
}
```

其中，大括号中的内容为枚举值列表，每个枚举值均对应一个枚举值名称，value1～valueN 为整数数据类型，list1～listN 为枚举值的标识名称。

1.3 循环与跳转语句

1.3.1 循环语句

循环语句主要用于重复执行嵌入语句。在 C#中,常见的循环语句有 while 语句、do...while 语句、for 语句和 foreach 语句。

1. while 语句

while 语句用于根据条件值执行一条语句零次或多次,当每次 while 语句中的代码执行完毕时,将重新查看是否符合条件值,若符合则再次执行相同的程序代码,否则跳出 while 语句,执行其他程序代码。while 语句的基本格式如下:

```
while(【布尔表达式】)
{
    【语句块】
}
```

while 语句的执行顺序如下:

(1) 计算【布尔表达式】的值。

(2) 如果【布尔表达式】的值为 true,程序执行【语句块】。执行完毕重新计算【布尔表达式】的值是否为 true。

(3) 如果【布尔表达式】的值为 false,则控制将转移到 while 语句的结尾。

下面通过实例演示如何使用 while 语句。

【例 1.5】创建一个控制台应用程序,声明一个 int 类型的数组并初始化,然后通过 while 语句循环输出数组中的所有成员。

代码如下:

```csharp
static void Main(string[] args)
{
    int[] num = new int[6]{1,2,3,4,5,6};    //声明一个 int 类型的数组并初始化
    int s = 0;                              //声明一个 int 类型的变量 s 并初始化
    while(s<6)                              //调用 while 语句,当 s 小于 6 时执行
    {
        Console.WriteLine("num[{0}]的值为{1}",s,num[s]);
        s++;                                //s 自增 1
    }
    Console.ReadLine();
}
```

程序运行结果为:

num[0]的值为 1
num[1]的值为 2
num[2]的值为 3
num[3]的值为 4
num[4]的值为 5
num[5]的值为 6

在 while 语句的嵌入语句块中，break 语句可用于将控制转到 while 语句的结束点，而 continue 语句可用于将控制直接转到下一次循环。

2. do...while 语句

do...while 语句与 while 语句相似，它的判断条件在循环后。do...while 循环会在计算循环表达式之前执行一次，其基本形式如下：

do
{
　　【语句块】
}while(【布尔表达式】);

do...while 语句的执行顺序如下：

（1）程序首先执行【语句块】。

（2）当程序到达【语句块】的结束点时，计算【布尔表达式】的值，如果【布尔表达式】的值是 true，程序跳到 do...while 语句的开头，否则，结束循环。

【例 1.6】创建一个控制台应用程序，声明一个 bool 类型的变量 term 并初始化为 false，再声明一个 int 类型的数组并初始化，然后调用 do...while 语句，通过 for 语句循环输出数组中的值。

代码如下：

```csharp
static void Main(string[] args)
{
    bool term = false;                      //声明一个 bool 类型的变量 term 并初始化为 false
    int [] myArray = new int[5]{0,1,2,3,4}; //声明一个 int 类型的数组并初始化
    do
    {
        for(int i=0;i<myArray.Length;i++)    //调用 for 语句输出数组中的所有数据
        {
            Console.WriteLine(myArray[i]);    //输出数组中的数据
        }
    }while(term);                             //设置 do...while 语句的条件
    Console.ReadLine();
}
```

程序运行结果为：

0
1
2
3
4

从代码中可以看出，bool 类型变量 term 被初始化为 false，但是 do...while 依然执行了一次 for 循环，将数组中的值输出。由此可以说明，do...while 语句至少要执行代码一次，无论最后的条件是 true 还是 false。

3. for 语句

for 语句用于计算一个初始化序列，然后当某个条件为 true 时，重复执行嵌套语句并计算一个迭代表达式序列；如果为 false，则终止循环，退出 for 循环。for 循环语句的基本形式如下：

```
for(【初始化表达式】;【条件表达式】;【迭代表达式】)
{
    【语句块】
}
```

【初始化表达式】由一个局部变量或者一个由逗号分隔的表达式列表组成。【初始化表达式】声明的局部变量的作用域,是从变量的声明开始,一直到嵌入语句的结尾。【条件表达式】必须是一个布尔表达式。【迭代表达式】必须包含一个用逗号分隔的表达式列表。

for 语句执行的顺序如下:

(1) 如果有【初始表达式】,则按变量初始值设定项或语句表达式的书写顺序指定它们,此步骤只执行一次。

(2) 如果存在【条件表达式】,则计算它。

(3) 如果不存在【条件表达式】,则程序将转移到嵌入语句。如果程序到达了嵌入语句的结束点,按顺序计算 for 迭代表达式,然后从上一个步骤中 for 条件的计算开始,执行另一次迭代。

for 循环是循环语句中最常用的一种,它实现了一种规定次数、逐次反复的功能,但是由于代码编写方式不同,所以也可能实现其他循环的功能。

【例 1.7】创建一个控制台应用程序,首先声明一个 int 类型的数组,然后初始化数组,最后使用 for 循环语句遍历数组,并将数组中的值输出。

代码如下:
```
static void Main(string[] args)
{
    int[] myArray = new int[5]{0,1,2,3,4};
    for(int i=0;i<myArray.Length;i++)
    {
        Console.WriteLine("myArray[{0}]的值是: {1}",i,myArray[i]);
    }
    Console.ReadLine();
}
```

程序运行结果为:
myArray[0]的值是: 0
myArray[1]的值是: 1
myArray[2]的值是: 2
myArray[3]的值是: 3
myArray[4]的值是: 4

4. foreach 语句

foreach 语句用于枚举一个集合的元素,并对该集合中的每一个元素执行一次嵌入语句,但是 foreach 语句不能用于更改集合内容,以避免产生不可预知的错误。foreach 语句的基本形式如下:

```
foreach(【类型】【迭代变量名】 in 【集合类型表达式】)
{
    【语句块】
}
```

其中,【类型】和【迭代变量名】用于声明迭代变量,迭代变量相当于一个范围覆盖整个语句块的局部变量。在 foreach 语句执行期间,迭代变量表示当前正在为其执行迭代的集合元素。【集合类型表达式】必须有一个从该集合的元素类型到迭代变量的类型的显式转换,如果【集合类型表达式】的值为 null,则会出现异常。

【例 1.8】创建一个控制台应用程序,实例化一个 ArrayList 数组,向数组中添加值,然后通过使用 foreach 语句遍历整个数组,并输出数组中的值。

代码如下:

```
static void Main(string[] args)
{
    ArrayList list = new ArrayList();          //实例化 ArrayList 类
    list.Add("Hello");                         //使用 Add 方法向对象中添加数据
    list.Add("World");                         //使用 Add 方法向对象中添加数据
    foreach(string Words in list)
    {
        Console.WriteLine(Words);              //输出 ArrayList 对象中的所有数据
    }
    Console.ReadLine();
}
```

程序运行结果如下:

Hello
World

1.3.2 跳转语句

跳转语句主要用于无条件的转移控制。跳转语句会将控制跳转到某个位置,这个位置就称为跳转语句的目标。如果跳转语句出现在一个语句块内,而跳转语句的目标却在该语句块之外,则称该跳转语句退出该语句块。跳转语句主要有 break 语句、continue 语句、goto 语句和 return 语句。

1. break 语句

break 语句只能应用在 switch、while、do...while、for、foreach 语句中,break 语句包含在这几种语句中,否则会出现编译错误。当多条 switch、while、do...while、for、foreach 语句相互嵌套时,break 语句只应用于最里层的语句,如果要穿越多个嵌套层,则必须使用 goto 语句。

【例 1.9】创建一个控制台应用程序,声明一个 int 类型的变量 i,用于获取当前日期的返回值,然后通过使用 switch 语句根据变量 i 输出当前日期是星期几。

代码如下:

```
static void Main(string[] args)
{
    int i = Convert.ToInt32(DateTime.Today.DayOfWeek);   //获取当前日期的数值
    switch(i)
    {                                                     //调用 switch 语句
        case 1:Console.WriteLine("今天是星期一");break;
        case 2:Console.WriteLine("今天是星期二");break;
        case 3:Console.WriteLine("今天是星期三");break;
```

```
            case 4:Console.WriteLine("今天是星期四");break;
            case 5:Console.WriteLine("今天是星期五");break;
            case 6:Console.WriteLine("今天是星期六");break;
            case 7:Console.WriteLine("今天是星期日");break;
        }
        Console.ReadLine();
    }
```

2. continue 语句

continue 语句只能应用在 while、do...while、for、foreach 语句中，用来忽略循环语句块内位于它后面的代码而直接开始一次新的循环。当多个 while、do...while、for、foreach 语句相互嵌套时，continue 语句使直接包含它的循环语句开始一次新的循环。

【例 1.10】创建一个控制台应用程序，使用两个 for 语句进行嵌套循环。在内层 for 语句中，使用 continue 语句，实现当 int 类型变量 j 为偶数时不输出，重新开始内层的 for 循环，只输出 0～20 内的所有奇数。

代码如下：

```
    static void Main(string[] args)
    {
        for(int i=0;i<2;i++)
        {                                             //调用 for 循环
            Console.WriteLine("\n 第{0}次循环：",i);   //输出提示第几次循环
            for(int j=0;j<20;j++)
            {                                         //调用 for 循环
                if(j%2 == 0)                          //调用 if 语句判断 j 是否为偶数
                    continue;                         //若为偶数，继续下一次循环
                Console.Write(j+" ");
            }
            Console.WriteLine();
        }
        Console.ReadLine();
    }
```

程序运行结果为：

第 0 次循环：1 3 5 7 9 11 13 15 17 19
第 1 次循环：1 3 5 7 9 11 13 15 17 19

从程序的运行结果可以看出，当 int 类型的变量 j 为偶数时，使用 continue 语句，忽略它后面的代码而重新执行内层的 for 循环。这期间并没有影响外部的 for 循环，程序依然执行。

3. goto 语句

goto 语句用于将控制转移到由标签标记的语句。goto 语句可以被应用在 switch 语句中的 case 标签、default 标签，以及标记语句所声明的标签。goto 语句的 3 种形式如下：

goto【标签】
goto case【参数表达式】
goto default

goto【标签】语句的目标是给定标签的标记语句；goto case【参数表达式】语句的目标是它所在的 switch 语句中的某个语句列表，此列表包含一个具有给定常数值的 case 标签；goto default 语句的目标是它所在的 switch 语句中的 default 标签。

【例 1.11】创建一个控制台应用程序，通过 goto 语句实现程序跳转到指定语句。

```csharp
static void Main(string[] args)
{
    Console.WriteLine("请输入要查找的文字：");      //输出提示信息
    string inputStr = Console.ReadLine();           //获取输入值
    string[] myStr = new string[2];                 //创建数组
    myStr[0] = "Hello";                             //向数组中添加元素
    myStr[1] = "World";
    for(int i=0;i<myStr.Length;i++)
    {
        if(myStr[i].Equals(inputStr))
        {                                           //判断是否存在输入的字符串
            goto Found;                             //调用 goto 语句跳转到 Found
        }
    }
    Console.WriteLine("您查找的{0}不存在！",inputStr);  //输出信息
    goto Finish;                                    //调用 goto 语句跳转到 Finish
    Found:
    Console.WriteLine("您查找的{0}存在！",inputStr);
    Finish:
    Console.WriteLine("查找完毕！");                //输出信息，提示查找完毕
    Console.ReadLine();
}
```

4. return 语句

return 语句用于退出类的方法，是控制返回方法的调用者。如果方法有返回类型，return 语句必须返回这个类型的值；如果方法没有返回类型，应使用没有表达式的 return 语句。

【例 1.12】创建一个控制台应用程序，建立一个返回类型为 string 类型的方法，利用 return 语句返回一个 string 类型的值，然后在 main 方法中调用这个自定义的方法并输出这个方法的返回值。

代码如下：

```csharp
static string MyStr(string str)                     //创建一个 string 类型的方法
{
    string outStr = "您输入的数据是："+str;         //声明一个字符串变量并为其赋值
    return outStr;                                  //使用 return 语句返回字符串变量
}
static void Main(string[] args)
{
    Console.WriteLine("请您输入内容：");            //输出提示信息
    string inputStr = Console.ReadLine();           //获取输入信息
    Console.WriteLine(MyStr(inputStr));             //调用 MyStr 方法并将结果显示出来
    Console.ReadLine();
}
```

程序运行结果为:
> 您输入的数据是:Hello World

1.4 类与对象

1.4.1 类

1. 类的概念

类是对象概念在面向对象编程语言中的反映,是相同对象的集合。类描述了一系列在概念上有相同含义的对象,并为这些对象统一定义了编程语言上的属性和方法。如水果就可以看成一个类,苹果、葡萄都是该类的子类。苹果的生产地、名称、价格相当于该类的属性,苹果的种植方法相当于类的方法。简而言之,类是 C#中功能最为强大的数据类型,类也定义了数据类型的数据和行为。

2. 类的声明

C#中,类是使用关键字 class 来声明的,语法如下:
> 类修饰符 class 类名
> {
> }

【例 1.13】以汽车为例声明一个类。

代码如下:
> public class Car
> {
>   public int number;　　　　//编号
>   public string color;　　　　//颜色
>   public string brand;　　　　//厂家
> }

public 是类的修饰符,下面介绍几种常见的修饰符。
- public:不限制对该类的访问。
- protected:只能从其所在类和所在类的子类进行访问。
- internal:只有其所在类才能访问。
- private:只有.NET 中的应用程序或库才能访问。
- abstract:抽象类,不允许建立类的实例。
- sealed:密封类,不允许被继承。

3. 对象的声明和实例化

对象是具有数据、行为和标识的编程结构,是面向对象应用程序的一个组成部分。这个组成部分封装了部分应用程序。这部分程序可以是一个过程、一些数据或一些更抽象的实体。

对象包含变量成员和方法类型,它所包含的变量组成了存储在对象中的数据,而其包含的方法可以访问对象的变量,略为复杂的对象可能不包含任何数据,而只包含方法,并使用方法表示一个过程。

C#中的对象是把类实例化,这表示创建一个类的实例,"类的实例"和对象表示相同的含义，需要注意的是，"类"和"对象"是完全不同的概念。

【例 1.14】创建一个控制台应用程序，其中定义一个 MyClass 类，并在该类中定义 3 个 int 类型的变量，分别用来记录加数、被加数，以及和的初始值，然后使用这 3 个变量定义 3 个属性，分别用来表示加数、被加数和加法的和，这 3 个属性都设置为可读可写。在 program 类中，定义两个 int 类型的变量，用来作为加数和被加数，然后实例化 MyClass 类的一个对象，并通过该对象设置它的 3 个属性，最后定义一个 int 类型的变量，并使用声明的类对象访问 MyClass 类中的属性。

代码如下：

```csharp
class MyClass
{
    private int x = 0;
    private int y = 0;
    private int z = 0;
    public MyClass()
    {
    }
    public int X
    {
        get { return x; }
        set { x = value; }
    }
    public int Y
    {
        get { return y; }
        set { y = value; }
    }
    public int Z
    {
        get { return z; }
        set { z = value; }
    }
}
class Program
{
    static void Main(string[] args)
    {
        int x = 3;
        int y = 5;
        MyClass myClass = new MyClass();        //实例化 MyClass 对象
        myClass.X = x;                          //通过对象设置类中的属性 X
        myClass.Y = y;                          //通过对象设置类中的属性 Y
        myClass.Z = myClass.X + myClass.Y;
        int z = myClass.Z;                      //定义 int 类型的变量，通过对象访问类中的 Z
        Console.WriteLine(z);
```

```
                Console.ReadLine();
            }
        }
```
程序运行结果为：
8

4. 类与对象的关系

类是一种抽象的数据类型，但是其抽象的程度可能不同，而对象就是一个类的实例。例如，将学生设计为一个类，小明和小红就可以各为一个对象。从这里可以看出，小明和小红有很多共同点，他们都在早上上学、晚上放学。对于这样相似的对象就可以抽象出一个数据类型，这样，只要将学生这个数据类型编写好，程序中就可以方便地创建小明和小红这样的对象。在代码需要更改时，只需要对学生类型进行修改即可。

综上所述，可以看出类与对象的区别：类就是有相同或相似结构、操作和约束规则的对象组成的集合；而对象是某一个类的具体化实例，每一个类都是具有某些共同特征的对象的抽象。

1.4.2 类的面向对象特性

1. 类的封装

C#中可以使用类来达到数据封装的效果，这样就可以使数据与方法封装成单一元素，以便于通过方法存取数据。除此之外，还可以控制数据的存储方式。封装的目的是增强安全性和简化编程，使用者不必了解具体的实现细节，而只是通过外部接口这一特定的访问权限来使用类的成员。

【例 1.15】创建一个控制台应用程序，其中定义一个 Rectangle 类。该类用来封装长和宽，然后自定义一个 GetArea 方法来计算并返回面积。在主程序中实例化对象，并对属性进行赋值，最后调用 GetArea 方法返回面积值。

代码如下：
```
class Rectangle
{
    public double length;
    public double width;
    public double GetArea()
    {
        return length * width;
    }
    public void Display()
    {
        Console.WriteLine("长度：  {0}", length);
        Console.WriteLine("宽度：  {0}", width);
        Console.WriteLine("面积：  {0}", GetArea());
    }
}                                                        // Rectangle  结束
class ExecuteRectangle
{
    static void Main(string[] args)
```

```
        {
            Rectangle r = new Rectangle();
            r.length = 4.5;
            r.width = 3.5;
            r.Display();
            Console.ReadLine();
        }
    }
```

程序运行结果为：

长度： 4.5
宽度： 3.5
面积： 15.75

2. 类的继承

继承是面向对象程序设计中最重要的概念之一。继承允许我们根据一个类来定义另一个类，这使得创建和维护应用程序变得更容易，同时也有利于重用代码和节省开发时间。当创建一个类时，程序员不需要完全重新编写新的数据成员和成员函数，只需要设计一个新的类，继承已有类的成员即可。已有的类被称为基类，新的类被称为派生类。C#中提供了类的继承机制，但只支持单继承，而不支持多继承，即在C#中一次只允许继承一个类，不能同时继承多个类。

【例 1.16】创建一个控制台应用程序，其中定义一个 Shape 类，然后定义一个 Rectangle 类，该类继承于 Shape 类。在主程序中通过 Rectangle 类的对象调用 Shape 类中的方法。

代码如下：

```
class Shape
{
    protected int width;
    protected int height;
    public void setWidth(int w)
    {
        width = w;
    }
    public void setHeight(int h)
    {
        height = h;
    }
}
class Rectangle: Shape            //派生类
{
    public int getArea()
    {
        return (width * height);
    }
}
class RectangleTester
{
    static void Main(string[] args)
```

```
        {
            Rectangle Rect = new Rectangle();
            Rect.setWidth(5);
            Rect.setHeight(7);
            Console.WriteLine("总面积：   {0}",  Rect.getArea());    //打印对象的面积
            Console.ReadKey();
        }
    }
```

程序运行结果为：

    总面积： 35

3．类的多态

多态性意味着有多重形式。在面向对象编程范式中，多态性往往表现为"一个接口，多个功能"。多态性可以是静态的或动态的。在静态多态性中，函数的响应是在编译时发生的。而在动态多态性中，函数的响应是在运行时发生的。

在同一个范围内对相同的函数名有多个定义，则函数的定义必须彼此不同，可以是参数列表中的参数类型不同，也可以是参数个数不同。不能重载只有返回类型不同的函数。下面的实例演示了几个相同的函数 print()，用于打印不同的数据类型。

【例 1.17】创建一个控制台应用程序，在同一个范围内对相同的函数名有多个定义。

代码如下：

```
class Printdata
{
    void print(int i)
    {
        Console.WriteLine("Printing int: {0}", i );
    }
    void print(double f)
    {
        Console.WriteLine("Printing float: {0}", f);
    }
    void print(string s)
    {
        Console.WriteLine("Printing string: {0}", s);
    }
    static void Main(string[] args)
    {
        Printdata p = new Printdata();
        p.print(5);                             //调用 print()来打印整数
        p.print(500.263);                       //调用 print()来打印浮点数
        p.print("Hello C#");                    //调用 print()来打印字符串
        Console.ReadLine();
    }
}
```

程序运行结果为：

    Printing int: 5
    Printing float: 500.263
    Printing string: Hello C#

C#允许使用关键字 abstract 创建抽象类,用于提供接口的部分类的实现。当一个派生类继承自该抽象类时,实现即完成。抽象类包含抽象方法,抽象方法可被派生类实现。派生类具有更专业的功能。

【例 1.18】创建一个控制台应用程序,演示一个抽象类。

代码如下:

```
abstract class Shape
{
    public abstract int area();
}
class Rectangle: Shape
{
    private int length;
    private int width;
    public Rectangle( int a=0, int b=0)
    {
        length = a;
        width = b;
    }
    public override int area ()
    {
        Console.WriteLine("Rectangle 类的面积: ");
        return (width * length);
    }
}
class RectangleTester
{
    static void Main(string[] args)
    {
        Rectangle r = new Rectangle(10, 7);
        double a = r.area();
        Console.WriteLine("面积:   {0}",a);
        Console.ReadLine();
    }
}
```

程序运行结果为:

Rectangle 类的面积:
面积: 70

1.5 集合

1.5.1 ArrayList 类

1. ArrayList 类的概述

ArrayList 类位于 System.Collection 命名空间下。它可以动态地添加和删除元素,可以将

ArrayList 类看作扩充了功能的数组，但它并不等同于数组。

与数组相比，ArrayList 类为开发人员提供了以下功能：
- 数组的容量是固定的，而 ArrayList 的容量可以根据需要自动扩充。
- ArrayList 提供添加、删除和插入某一范围元素的方法，但在数组中，一次只能获取或设置一个元素的值。
- ArrayList 提供将只读和固定大小包装返回到集合的方法，而数组不提供。
- ArrayList 只能是一维形式，而数组可以是多维的。

ArrayList 提供了 3 个构造器，通过这 3 个构造器可以有 3 种声明形式。

（1）默认构造器，将会以默认的大小来初始化内部的数组。构造器格式如下：

　　public ArrayList();

通过以上构造器声明 ArrayList 的语法格式如下：

　　ArrayList list = new ArrayList();

（2）用一个 ICollection 对象来构造，并将该集合的元素加到 ArrayList 中。构造器格式如下：

　　public ArrayList(ICollection);

通过以上构造器声明 ArrayList 的语法格式如下：

　　ArrayList list = new ArrayList(arrayName);

list：ArrayList 对象名。

arrayName：要添加集合的数组名。

（3）用指定的大小初始化内部的数组。构造器格式如下：

　　public ArrayList(int);

通过以上构造器声明 ArrayList 的语法格式如下：

　　ArrayList list = new ArrayList(n);

list：ArrayList 对象名。

n：对象的空间大小。

ArrayList 的常用属性及说明如表 1-3 所示。

表 1-3　ArrayList 的常用属性及说明

属性	说明
Capacity	获取或设置 ArrayList 可以包含的元素个数
Count	获取 ArrayList 中实际包含的元素个数
IsFixedSize	获取一个值，表示 ArrayList 是否具有固定大小
IsReadOnly	获取一个值，表示 ArrayList 是否只读
Item	获取或设置指定索引处的元素

2．ArrayList 元素的添加

向 ArrayList 集合中添加元素时，可以使用 ArrayList 类提供的 Add 方法和 Insert 方法。

（1）Add 方法。该方法用来将对象添加到 ArrayList 集合的结尾处，语法格式如下：

　　public vitual int Add(Object value)

value：要添加到 ArrayList 末尾处的 Object，该值可以为空值。

返回值：ArrayList 索引，已在此处添加了 value。

【例 1.19】声明一个包含 6 个元素的一维数组，并使用该数组实例化一个 ArrayList 对象，然后使用 Add 方法为该 ArrayList 对象添加元素。

代码如下：
```
int[] arr = new int[]{1, 2, 3, 4, 5, 6};
ArrayList List = new ArrayList(arr);
List.Add(7);
```

（2）Insert 方法。该方法用来将元素插入 ArrayList 集合的指定索引处，语法格式如下：
```
public virtual void Insert(int index, Object value)
```
index：从零开始的索引处，应在该位置插入 value。

value：要插入的 Object，该值可以为空引用。

【例 1.20】声明一个包含 6 个元素的一维数组，并使用该数组实例化一个 ArrayList 对象，然后使用 Insert 方法在该 ArrayList 对象的指定索引处添加一个元素。

代码如下：
```
int[] arr = new int[]{1, 2, 3, 4, 5, 6};
ArrayList List = new ArrayList(arr);
List.Insert(3, 7);
```

3. ArrayList 元素的删除

在 ArrayList 集合中删除元素时，可以使用 ArrayList 类提供的 Clear 方法、Remove 方法、RemoveAt 方法和 RemoveRange 方法。

（1）Clear 方法。该方法用来从 ArrayList 中移除所有元素，其语法格式如下：
```
public virtual void Clear()
```

【例 1.21】声明一个包含 6 个元素的一维数组，并使用该数组实例化一个 ArrayList 对象，然后使用 Clear 方法清除 ArrayList 中的所有元素。

代码如下：
```
int[] arr = new int[]{1, 2, 3, 4, 5, 6};
ArrayList List = new ArrayList(arr);
List.Clear();
```

（2）Remove 方法。该方法用来从 ArrayList 中移除特定对象的第一匹配项，语法格式如下：
```
public virtual void Remove(Object obj)
```

【例 1.22】声明一个包含 6 个元素的一维数组，并使用该数组实例化一个 ArrayList 对象，然后使用 Remove 方法从声明的 ArrayList 对象中移除与 3 匹配的元素。

代码如下：
```
int[] arr = new int[]{1, 2, 3, 4, 5, 6};
ArrayList List = new ArrayList(arr);
List.Remove(3);
```

（3）RemoveAt 方法。该方法用来移除 ArrayList 的指定索引处的元素，语法格式如下：
```
public virtual void RemoveAt(int index)
```

【例 1.23】声明一个包含 6 个元素的一维数组，并使用该数组实例化一个 ArrayList 对象，然后使用 RemoveAt 方法从声明的 ArrayList 对象中移除索引为 3 的元素。

代码如下：

```
int[] arr = new int[]{1, 2, 3, 4, 5, 6};
ArrayList List = new ArrayList(arr);
List.RemoveAt(3);
```

（4）RemoveRange 方法。该方法用来从 ArrayList 中移除一定范围的元素，语法格式如下：

```
public virtual void RemoveRange(int index, int count)
```

【例 1.24】声明一个包含 6 个元素的一维数组，并使用该数组实例化一个 ArrayList 对象，然后使用 RemoveRange 方法从索引 3 处删除两个元素。

代码如下：

```
int[] arr = new int[]{1, 2, 3, 4, 5, 6};
ArrayList List = new ArrayList(arr);
List.RemoveRange(3, 2);
```

4. ArrayList 的遍历

ArrayList 集合的遍历与数组类似，都可以使用 foreach 语句。下面通过一个实例说明如何遍历 ArrayList 集合中的元素。

【例 1.25】创建一个控制台应用程序，其中实例化一个 ArrayList 对象，并使用 Add 方法向 ArrayList 集合中添加两个元素，然后使用 foreach 语句遍历 ArrayList 集合中的各个元素并输出。

代码如下：

```
static void Main(string[] args)
{
    ArrayList list = new ArrayList();
    list.Add("Hello");
    list.Add("World");
    foreach(string str in list)
    {
        Console.WriteLine(str);
    }
}
```

5. ArrayList 元素的查找

查找 ArrayList 集合中的元素时，可以使用 ArrayList 类提供的 Contains 方法、IndexOf 方法和 LastIndexOf 方法。IndexOf 方法和 LastIndexOf 方法的用法与 string 字符串类的同名方法的用法基本相同。下面主要对 Contains 方法进行详细介绍。

Contains 方法用来确定某元素是否在 ArrayList 集合中，语法格式如下：

```
public virtual bool Contains(Object item)
```

【例 1.26】声明一个包含 6 个元素的一维数组，并使用该数组实例化一个 ArrayList 对象，然后使用 Contains 方法判断数字 2 是否在 ArrayList 集合中。

代码如下：

```
int[] arr = new int[]{1, 2, 3, 4, 5, 6};
ArrayList List = new ArrayList(arr);
Console.WriteLine(List.Contains(2));
```

1.5.2 Hashtable 类

1. Hashtable 概述

Hashtable 通常称为哈希表。它表示键/值对的集合,这些键/值对根据键的哈希代码进行组织,它的每个元素都是一个存储在 DictionaryEntry 对象中的键/值对。键不能为空,但值可以。Hashtable 的构造函数有多种,这里介绍两个最常用的。

(1) 使用默认的初始容量、加载因子、哈希代码提供程序和比较器来初始化 Hashtable 类的新的空实例,语法格式如下:

  public Hashtable()

(2) 使用指定的初始容量、默认加载因子、默认哈希代码提供程序和默认比较器来初始化 Hashtable 类的新的空实例,语法格式如下:

  public Hashtable(int capacity)

capacity: Hashtable 对象最初可包含的元素的近似数目。

Hashtable 的常用属性及说明如表 1-4 所示。

表 1-4 Hashtable 的常用属性及说明

属性	说明
Count	获取包含在 Hashtable 中的键/值对的数目
IsFixedSize	获取一个值,该值指示 Hashtable 是否具有固定大小
IsReadOnly	获取一个值,该值指示 Hashtable 是否为只读
IsSynchronized	获取一个值,该值指示是否同步对 Hashtable 的访问
Item	获取或设置与指定的键相关联的值
Keys	获取包含 Hashtable 中的键的 ICollection
SyncRoot	获取可用于同步 Hashtable 访问的对象
Values	获取包含 Hashtable 中的值的 ICollection

2. Hashtable 元素的添加

向 Hashtable 中添加元素时,可以使用 Hashtable 类提供的 Add 方法。

Add 方法用来将带有指定键/值的元素添加到 Hashtable 中,语法格式如下:

  public virtual void Add(Object key, Obgect value)

【例 1.27】创建一个控制台应用程序,其中实例化一个 Hashtable 对象,并使用 Add 方法为该 Hashtable 对象添加 3 个元素。

代码如下:

```
Hashtable hashtable = new Hashtable();
hashtable .Add("1", "what");
hashtable .Add("2", "why");
hashtable .Add("3", "how");
Console.WriteLine(hashtable .Count);
Console.ReadLine();
```

3. Hashtable 元素的删除

在 Hashtable 中删除元素时，可以使用 Hashtable 类提供的 Clear 方法和 Remove 方法。

（1）Clear 方法。该方法用来从 Hashtable 中移除所有元素，语法格式如下：

```
public virtual void Clear()
```

【例 1.28】创建一个控制台应用程序，其中实例化一个 Hashtable 对象，并使用 Add 方法为该 Hashtable 对象添加 3 个元素，然后使用 Clear 方法移除 Hashtable 中的所有元素。

代码如下：

```
Hashtable hashtable = new Hashtable();
hashtable .Add("1", "what");
hashtable .Add("2", "why");
hashtable .Add("3", "how");
hashtable.Clear();
Console.WriteLine(hashtable .Count);
```

（2）Remove 方法。该方法用来从 Hashtable 中移除带有指定键的元素，语法格式如下：

```
public virtual void Remove(Object key)
```

【例 1.29】创建一个控制台应用程序，其中实例化一个 Hashtable 对象，并使用 Add 方法为该 Hashtable 对象添加 3 个元素，然后使用 Remove 方法移除 Hashtable 中键为 3 的元素。

代码如下：

```
Hashtable hashtable = new Hashtable();
hashtable .Add("1", "what");
hashtable .Add("2", "why");
hashtable .Add("3", "how");
hashtable.Remove("3");
Console.WriteLine(hashtable .Count);
```

4. Hashtable 的遍历

Hashtable 的遍历与数组类似，都可以使用 foreach 语句。这里需要注意的是，由于 Hashtable 中的元素是一个键/值对，因此需要使用 DictionaryEntry 类型来进行遍历。DictionaryEntry 类型表示一个键/值对的集合。下面通过一个实例说明如何遍历 Hashtable 中的元素。

【例 1.30】创建一个控制台应用程序，其中实例化一个 Hashtable 对象，并使用 Add 方法为该 Hashtable 对象添加 3 个元素，然后使用 foreach 语句遍历 Hashtable 中的各个键/值对并输出。

代码如下：

```
static void Main(string[] args)
{
    Hashtable hashtable = new Hashtable();
    hashtable .Add("1", "what");
    hashtable .Add("2", "why");
    hashtable .Add("3", "how");
    foreach(DictionaryEntry dicEntry in hashtable )
    {
```

```
            Console.WriteLine(dicEntry.Key + "\t" + dicEntry.Value );
        }
        Console.ReadLine();
    }
```

5. Hashtable 元素的查找

在 Hashtable 中查找元素时,可以使用 Hashtable 类提供的 Contains 方法、ContainsKey 方法和 ContainsValue 方法。

(1) Contains 方法。该方法用来确定 Hashtable 中是否包含特定键,语法格式如下:

```
public virtual bool Contains(Object key)
```

【例 1.31】创建一个控制台应用程序,其中实例化一个 Hashtable 对象,并使用 Add 方法为该 Hashtable 对象添加 3 个元素,然后使用 Contains 方法判断键 1 是否在 Hashtable 中。

代码如下:

```
Hashtable hashtable = new Hashtable();
hashtable .Add("1", "what");
hashtable .Add("2", "why");
hashtable .Add("3", "how");
hashtable.Remove("3");
Console.WriteLine(hashtable .Contains("1"));
```

说明:ContainsKey 方法和 Contains 方法实现的功能、语法都相同,这里不再详细介绍。

(2) ContainsValue 方法。该方法用来确定 Hashtable 中是否包含特定值,语法格式如下:

```
public virtual bool ContainsValue(Object value)
```

【例 1.32】创建一个控制台应用程序,其中实例化一个 Hashtable 对象,并使用 Add 方法为该 Hashtable 对象添加 3 个元素,然后使用 ContainsValue 方法判断值 1 是否在 Hashtable 中。

代码如下:

```
Hashtable hashtable = new Hashtable();
hashtable .Add("1", "what");
hashtable .Add("2", "why");
hashtable .Add("3", "how");
hashtable.Remove("3");
Console.WriteLine(hashtable .ContainsValue("1"));
```

1.6 命名空间

C#程序是利用命名空间组织起来的。命名空间既用作程序的"内部"组织系统,也用作向"外部"公开的组织系统(即一种向其他程序公开自己拥有的程序元素的方法)。如果要调用某个命名空间中的类或者方法,首先需要使用 using 指令引入命名空间,using 指令将命名空间名所标识的命名空间内的类型成员导入当前编译单元中,从而可以直接使用每个被导入的类型的标识符,而不必加上它们的完全限定名。

C#中的命名空间就好像是一个存储了不同类型的仓库,而 using 指令就好比是一把钥匙,命名空间的名称就好比仓库的名称，可以通过钥匙打开指定名称的仓库，从而在仓库中获取所需的物品。

using 指令的基本形式为：

  using 命名空间名;

【例 1.33】创建一个控制台程序，建立一个命名空间 N1，在该命名空间中有一个类 A，在项目中使用 using 指令引入命名空间 N1，然后在命名空间 Test 中即可实例化命名空间 N1 中的类，最后调用该类中的方法。

代码如下：

```
using N1;                              //使用 using 指令引入命名空间 N1
namespace Test
{
    class Program
    {
        static void Main(string[] args)
        {
            A a = new A();             //实例化 N1 中的类 A
            a.Myls();                  //调用类 A 中的 Myls 方法
        }
    }
}
namespace N1                           //建立命名空间 N1
{
    class A                            //在命名空间 N1 中声明一个类 A
    {
        public void Myls()
        {
            Console.WriteLine("Hello World");    //输出字符串
            Console.ReadLine();
        }
    }
}
```

程序运行结果为：

  Hello World

1.7 习题

1．打印出 1～10000 范围内所有的"水仙花数"。所谓"水仙花数"是指一个 3 位数，其各位数字立方和等于该数本身。例如，153 是一个"水仙花数"，因为 $153 = 1^3 + 5^3 + 3^3$。

2．编写程序，分别利用 for 循环、while 循环、do...while 循环求出 1～100 之间的所有奇数和及偶数和。

3．编程求 1!＋2!＋3!＋...＋20! 的值。

4．设计一个 Dog 类，有名字、颜色、年龄等属性，定义构造方法来初始化类的这些属性，定义方法输出 Dog 信息，编写应用程序使用 Dog 类。

5. 建立两个类：人类（Person）和学生类（Student），功能要求如下：

（1）Person 类中包含 4 个私有的数据成员 name、addr、sex、age，表示姓名、地址、性别和年龄。用一个四参构造方法、一个两参构造方法、一个无参构造方法、一个输出方法显示这 4 种属性。

（2）Student 类继承 Person 类，并增加成员 Math 和 English 来存放数学和英语成绩。一个六参构造方法、一个两参构造方法、一个无参构造方法和重写输出方法用于显示这 6 种属性。

6. 用两种集合编写题目：分别输入一个班级的学生姓名、语文分数、数学分数、英语分数到集合中，求语文总分、数学平均分、英语最高分和英语最高分的学生姓名。

第 2 章　可视化设计基础

2.1　窗体的基本概念

Form 窗体也称为窗口，是.NET 框架的智能客户端技术。使用窗体可以显示信息、请求用户输入及通过网络与远程计算机通信，使用 Visual Studio 可以轻松地创建 Form 窗体。下面将对 Form 窗体的相关内容进行详细介绍。

2.1.1　Form 窗体的概念

在 Windows 中，窗体是向用户显示信息的可视化界面，是 Windows 应用程序的基本单元。窗体都具有自己的特征，可以通过编程来设置。窗体也是对象，窗体类定义了生成窗体的模板，每实例化一个窗体类，就产生一个窗体。.NET 框架类库的 System.Windows.Forms 命名空间中定义的 Form 类是所有窗体类的基类。编写窗体应用程序时，首先需要设计窗体的外观和在窗体中添加控件或组件。虽然可以通过编写代码来实现，但是却不直观，也不方便，而且很难精确地控制界面。如果要编写窗体应用程序，推荐使用 Visual Studio。Visual Studio 提供了一个图形化的可视窗体设计器，可以实现所见即所得的设计效果，快速开发窗体应用程序。

2.1.2　添加和删除窗体

添加或删除窗体，首先要创建一个 Windows 应用程序。在第 1 章已经介绍过如何创建 Windows 应用程序，此处不再赘述。如图 2.1 所示为一个新创建的 Windows 应用程序。

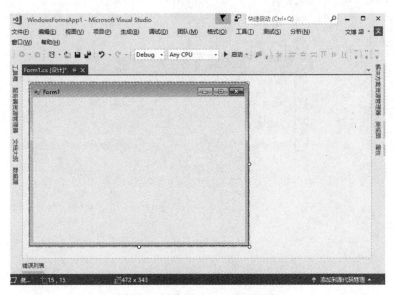

图 2.1　创建 Windows 应用程序

如果要向项目中添加一个新窗体，可以在项目名称 NewForm 上右击，在弹出的快捷菜单中选择"添加"→"Windows 窗体"或"添加"→"新建项"命令，如图 2.2 所示。

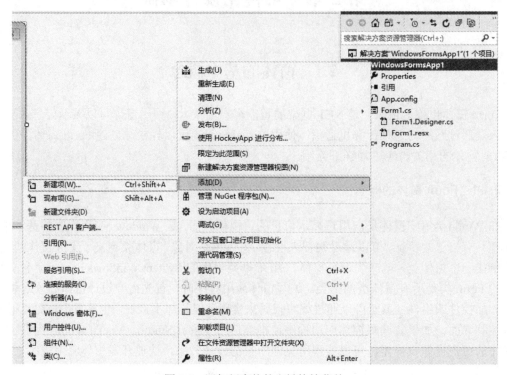

图 2.2　添加新窗体的右键快捷菜单

选择"新建项"或"Windows 窗体"命令都可以打开"添加新项"对话框，如图 2.3 所示。

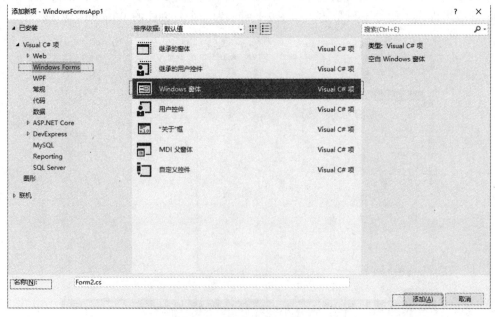

图 2.3　"添加新项"对话框

选择"Windows 窗体"选项，输入窗体名称后，单击"添加"按钮，即可向项目中添加一个新的窗体。设置窗体的名称时，不要用关键字进行设置。

删除窗体的方法非常简单，只需在要删除的窗体名称上右击，在弹出的快捷菜单中选择"删除"命令，如图 2.4 所示。也可选中要删除的窗体，再按 Delete 键。

图 2.4　删除窗体

2.1.3　多窗体的使用

一个完整的 Windows 应用程序由多个窗体组成，此时就需要对多窗体设计有所了解。多窗体就是向项目中添加多个窗体，在这些窗体中实现不同的功能。下面讲解多窗体的建立以及如何设置启动窗体。

1. 多窗体的建立

多窗体的建立是向某个项目中添加多个窗体。仍然以 2.1.2 节中的项目为例，向项目中添加 3 个窗体，添加多窗体后的项目如图 2.5 所示。实际项目中可添加任意多个窗体，但窗体不可重名。

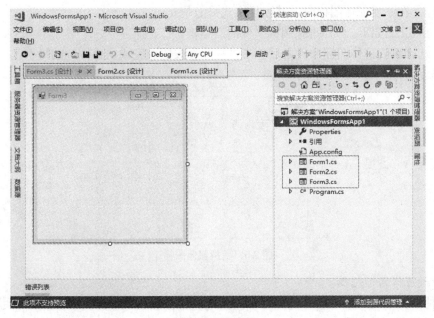

图 2.5　多窗体

2. 设置启动窗体

向项目中添加了多个窗体以后，如果要调试程序，必须要设置先运行的窗体。这样就需要设置项目的启动窗体，项目的启动窗体是在 Program.cs 文件中设置的。在 Program.cs 文件中改变 Run 方法的参数，即可实现设置启动窗体。

Run 方法用于在当前线程上开始运行标准应用程序，并使指定窗体可见。语法如下：

```
public static void Run(Form mainForm)
```

mainForm：代表要设置为启动窗体的窗体。

【例 2.1】 要将 2.1.2 节中项目的 Form3 窗体设置为项目的启动窗体，可以通过下面的代码实现。

```
static void Main()
{
    Application.EnableVisualStyles();
    Application.SetCompatibleTextRenderingDefault(false);
    Application.Run(new Form3());
}
```

2.1.4 窗体的属性

窗体都有一些基本的属性，包括图标、标题、位置和背景等。这些属性可以通过窗体的"属性"面板进行设置，也可以通过代码实现。但是为了快速开发窗体应用程序，通常都是通过"属性"面板进行设置。下面介绍窗体的常见属性设置。

1. 更换窗体的图标

添加一个新的窗体后，窗体的图标是系统默认的图标。如果想更换窗体的图标，可以在"属性"面板中设置窗体的 Icon 属性。更换窗体图标过程操作如下：

（1）选中窗体，然后在窗体的"属性"面板中选中 Icon 属性，会出现 按钮，单击该按钮更换图标。在添加窗体图标时，其图片格式只能是 ico。

（2）单击 按钮，打开选择图标文件的对话框。

（3）选择新的窗体图标文件之后单击"打开"按钮，完成窗体图标的更换。

更换后运行结果如图 2.6 所示。

图 2.6 更换窗体图标

2. 隐藏窗体的标题栏

在某种情况下需要隐藏窗体的标题栏。例如，软件的加载窗体，大多数都采用无标题栏的窗体。通过设置窗体的 FormBorderStyle 属性的属性值，即可实现隐藏窗体的标题栏。

FormBorderStyle 属性有 7 个属性值，对应说明如表 2-1 所示。

表 2-1　FormBorderStyle 属性的属性值及说明

属性值	说明
Fixed3D	固定的三维边框
FixedDialog	固定的对话框样式的粗边框
FixedSingle	固定的单行边框
FixedToolWindow	不可调整大小的工具窗口边框
None	无边框
Sizable	可调整大小的边框
SizableToolWinodw	可调整大小的工具窗口边框

隐藏窗体的标题栏，只需要将 FormBorderStyle 属性设置为 None 即可。

3．设置窗体的显示位置

可以通过窗体的 StartPosition 属性设置加载窗体时窗体在显示器中的位置。StartPosition 属性有 5 个属性值，对应说明如表 2-2 所示。

表 2-2　StartPosition 属性的属性值及说明

属性值	说明
CenterParent	窗体在其父窗体中居中
CenterScreen	窗体在当前显示窗体中居中，其尺寸在窗体大小中指定
Manual	窗体的位置由 location 属性确定
WindowsDefaultBounds	窗体定位在 Windows 默认位置，其边界也由 Windows 默认决定
WindowsDefaultLocation	窗体定位在 Windows 默认位置，其尺寸在窗体大小中指定

在设置窗体的显示位置时，只需根据不同的需要选择属性值即可。

4．修改窗体的大小

在窗体的属性中，通过 Size 属性设置窗体的大小。双击窗体属性面板中的 Size 属性，可以看到其下拉菜单中有 Width 和 Height 两个属性，分别用于设置窗体的宽和高。修改窗体的大小，更改这两个属性值即可。在设置窗体的大小时，其值是 Int32 类型的，不要使用单精度和双精度进行设置。

5．设置图像背景的窗体

为使窗体设计更加美观，通常会设置窗体的背景。可以设置窗体的背景颜色，也可以设置窗体的背景图片。通过设置窗体的 BackgroundImage 属性，可以设置窗体的背景图片。具体操作如下：

（1）选中窗体"属性"面板中的 BackgroundImage 属性，会出现按钮。

（2）单击该按钮，打开"选择资源"对话框，如图 2.7 所示。

图中有两个单选按钮：一个是"本地资源"，另一个是"项目资源文件"，差别是选中"本地资源"单选按钮后，直接选择图片，保存的是图片的路径；而选中"项目资源文件"单选按钮后，会将选择的图片保存到项目资源文件 Resources.resx 中。无论选择哪种方式，都需要单击"导入"按钮选择背景图片，单击"确定"按钮完成窗体背景图片的设置。Form1 窗体背景图片设置前后如图 2.8 所示。

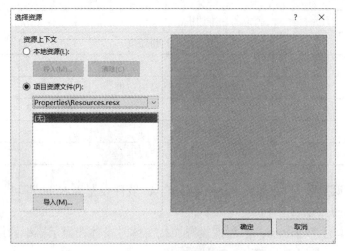

图 2.7　更换窗体背景

图 2.8　更改背景前与更改背景后

2.1.5　窗体的显示与隐藏

1. 窗体的显示

如果要在一个窗体中通过按钮打开另一个窗体，就必须调用 Show 方法来显示窗体。

【例 2.2】在 Form1 窗体中添加一个 Button 按钮，在按钮的 Click 事件中调用 Show 方法，打开 Form2 窗体。

首先，添加 Button 按钮，打开左侧工具箱，在公共控件中找到 Button 控件，单击 Button 控件，然后在窗体的适当位置单击，就在窗体中添加了一个 Button 控件。可在"属性"栏中更改 Button 的标题文字。

此时，想要单击 Button 按钮后显示 Form2 窗体，还需要为 Button 按钮绑定事件。单击图中的 Button 按钮，切换到绑定事件界面，找到 Click 栏，再双击 Click 右侧的空白栏，会自动生成一个 button1_Click 方法，此方法就是单击按钮时执行的方法，同时 Form1.cs 文件中会出现相应的私有方法，在 button1_Click 方法中添加如下代码：

```
    Form2 form2 = new Form2();          //实例化 Form2
    form2.Show();                        //调用 Show 方法显示 Form2 窗体
```
程序运行结果如图 2.9 所示。

图 2.9　显示窗体

对控件及控件的事件后续会有详细讲解。

2. 窗体的隐藏

通过调用 Hide 方法隐藏窗体。

【例 2.3】操作过程与上述显示窗体类似，只是在 Click 事件中调用 Hide 方法即可。
代码如下：

```
    form2.Hide();                        //调用 Hide 方法隐藏已显示的 Form2 窗体
```

2.1.6　窗体的事件

Windows 是事件驱动的操作系统，对 Form 类的任何交互都是基于事件来实现的。Form 类提供了大量的事件用于响应对窗体执行的各种操作。下面介绍窗体的 Click、Load 和 FormClosing 事件。

1. Click（单击）事件

与 Button 的单击事件类似，单击窗体时会触发窗体的 Click 事件。

【例 2.4】在窗体的 Click 事件中编写代码，实现当单击窗体时弹出提示框。
代码如下：

```
    private void Form1_Click(object sender,EventArgs e)    //窗体的 Click 事件
    {
        MessageBox.Show("已经单击了窗体！");                //弹出提示框
    }
```

程序运行结果如图 2.10 所示。

2. Load（加载）事件

窗体加载时，会触发窗体的 Load 事件。为窗体添加 Load 事件可以在属性栏的事件栏中进行添加，也可以直接双击绘制区的窗体来添加。实际上，双击任意一个控件（包括窗体）都会为该控件绑定一个默认事件，而窗体的默认事件是 Load 事件，Button 的默认事件为 Click 事件。

可以在 Load 事件中加载和分配窗体所使用的资源。

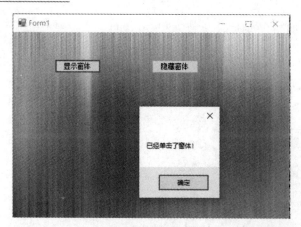

图 2.10 单击事件

【例 2.5】当窗体加载时，会弹出提示框，询问是否查看窗体。单击"是"按钮，查看窗体，否则退出程序。

代码如下：

```
private void Form1_Load(object sender, EventArgs e)
{
    if (MessageBox.Show("是否加载窗体！", "", MessageBoxButtons.YesNo,
            MessageBoxIcon.Information) == DialogResult.Yes)
    {
        this.Show();
    }
    else
    {
        this.Close();
    }
}
```

3. FormClosing（关闭）事件

窗体关闭时，会触发窗体的 FormClosing 事件。可以使用此事件执行一些任务，如释放窗体使用的资源，还可以使用此事件保存窗体中的信息或者更新其父窗体。

【例 2.6】创建一个 Windows 应用程序，实现当关闭窗体时，会弹出提示框，询问是否关闭当前窗体。单击"是"按钮，关闭窗体；否则，不关闭。

代码如下：

```
private void Form1_FormClosing_1(object sender, FormClosingEventArgs e)
{
    DialogResult dr = MessageBox.Show("是否关闭窗体", "提示", MessageBoxButtons.YesNo,
            MessageBoxIcon.Warning);
    if (dr == DialogResult.Yes)           //使用 if 语句判定是否单击"是"按钮
    {
        e.Cancel = false;                 //如果单击"是"按钮则关闭窗体
    }
```

```
    else
    {
        e.Cancel = true;                    //否则，不执行操作
    }
}
```

如果要防止窗体的关闭，应使用 FormClosing 事件并将传递给事件处理程序的 CancleEventArgs 的 Cancel 属性设置为 true。

2.2 多文档界面

窗体是所有界面的基础，这就意味着为了打开多个文档，需要有能够同时处理多个窗体的应用程序。为了适应这个需求，产生了多文档界面，即 MDI 窗体。

MDI 程序包含一个父窗口（也称为容器）以及一个或多个子窗口。MDI 程序的一个经典例子是 Adobe Photoshop。运行 Photoshop 时，显示一个父窗口。在这个父窗口内，可以打开任意数量的文档，每个文档都在一个子窗口中显示。在 MDI 程序中，所有子窗口都共享父窗口的同一个工具栏和菜单栏。

2.2.1 MDI 窗体的概念

多文档界面（Multiple Document Interface）简称 MDI 窗体。MDI 窗体用于同时显示多个文档，每个文档显示在各自的窗口中。MDI 窗体中通常又包含子菜单的窗口菜单，用于在窗口或者文档之间进行切换。MDI 窗体十分常见，如图 2.11 所示即为一个 MDI 窗体界面。

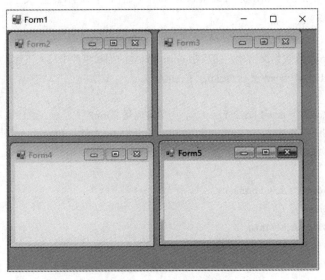

图 2.11 多文档窗体界面

MDI 窗体的应用非常广泛。例如，某快递公司的库存系统要实现自动化，则需要使用窗体来输入用户和货物的数据、快递订单以及订单跟踪信息。这些窗体必须链接或者从属于一个界面，并且能够同时处理多个文件。这样，就需要建立 MDI 窗体来解决这些需求。

2.2.2 如何设置 MDI 窗体

在 MDI 窗体中，起到容器作用的窗体被称为"父窗体"，可放在父窗体中的其他窗体被称为"子窗体"，也称为"MDI 子窗体"。当 MDI 应用程序启动时，首先会显示父窗体，所有的子窗体都在父窗体中打开，在父窗体中可以在任何时候打开多个子窗体。每个应用程序只能有一个父窗体，其他子窗体不能移出父窗体的框架区域。下面介绍如何将窗体设置成父窗体或子窗体。

1. 设置父窗体

如果要将某个窗体设置为父窗体，只需要在窗体的属性面板中将 IsMdiContainer 属性设置为 true，如图 2.12 所示。

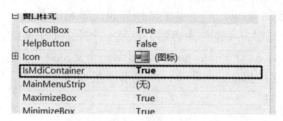

图 2.12 设置父窗体

在设置 MDI 窗体的主窗体时，要尽可能用项目的启动窗体进行设置。

2. 设置子窗体

设置完父窗体，再通过设置某个窗体的 MdiParent 属性来确定子窗体。

【例 2.7】将 Form2、Form3、Form4、Form5 这 4 个窗体设置成子窗体，并且在父窗体中打开这 4 个子窗体。

代码如下：

```
//首先将 Form1 设置为父窗体，然后在 Form1 窗体的加载事件中写入下述代码
private void Form1_Load(object sender, EventArgs e)
{
    Form2 form2 = new Form2();           //实例化 Form2
    form2.Show();                         //使用 Show 方法打开窗体
    form2.MdiParent = this;               //设置

    Form3 form3 = new Form3();
    form3.Show();
    form3.MdiParent = this;

    Form4 form4 = new Form4();
    form4.Show();
    form4.MdiParent = this;

    Form5 form5 = new Form5();
    form5.Show();
```

```
            form5.MdiParent = this;
    }
```
程序运行结果如图 2.13 所示。

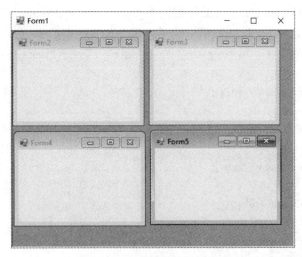

图 2.13　父窗体中打开子窗体

3. 排列 MDI 子窗体

如果一个 MDI 窗体中有多个子窗体同时打开，假如不对其排列顺序进行调整，那么界面会非常混乱，而且不容易浏览。如何解决这个问题呢？可以通过使用带有 MdiLayout 枚举的 LayoutMdi 方法来排列多文档界面父窗体中的子窗体。

该方法语法如下：

```
public void LayoutMdi(MdiLayout value)
```

其中，value 参数取值为 MdiLayout 枚举值之一，用来定义 MDI 子窗体的布局。

MdiLayout 枚举用于指定 MDI 父窗体中子窗体的布局。

MdiLayout 的枚举成员及其说明如表 2-3 所示。

表 2-3　MdiLayout 的枚举成员及其说明

枚举成员	说明
Cascade	所有 MDI 子窗体均层叠在 MDI 父窗体的工作区内
TileHorizontal	所有 MDI 子窗体均水平平铺在 MDI 父窗体的工作区内
TileVertical	所有 MDI 子窗体均垂直平铺在 MDI 父窗体的工作区内

下面通过一个实例演示如何用带有 MdiLayout 枚举的 LayoutMdi 方法来排列多文档界面父窗体中的子窗体。

【例 2.8】创建一个 Windows 应用程序，向项目中添加 4 个窗体，然后使用 LayoutMdi 方法和 MdiLayout 枚举设置窗体的排列。

实现步骤如下：

（1）新建一个 Windows 应用程序，设置默认窗体为 Form1。

（2）将窗体 Form1 的 IsMdiContainer 属性设置为 true，以用作 MDI 父窗体，然后再添加

3个Windows窗体,用作MDI子窗体。

(3)在Form1窗体中添加一个MenuStrip控件,用作该父窗体的菜单项。

(4)通过MenuStrip控件建立4个菜单项,分别为"加载子窗体""水平平铺""垂直平铺"和"层叠排列"。对MenuStrip菜单按钮的事件绑定操作和Button控件相同。程序运行时,单击"加载子窗体"菜单后可以加载所有的子窗体。代码如下:

```csharp
private void 加载子窗体 ToolStripMenuItem_Click(object sender, EventArgs e)
{
    Form2 form2 = new Form2();
    form2.Show();
    form2.MdiParent = this;

    Form3 form3 = new Form3();
    form3.Show();
    form3.MdiParent = this;

    Form4 form4 = new Form4();
    form4.Show();
    form4.MdiParent = this;
}
```

程序运行结果如图2.14所示。

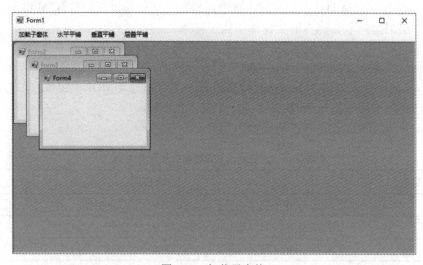

图2.14 加载子窗体

(5)加载所有的子窗体后,单击"水平平铺"菜单,使窗体所有的子窗体水平排列。代码如下:

```csharp
private void 水平平铺 ToolStripMenuItem_Click(object sender, EventArgs e)
{
    LayoutMdi(MdiLayout.TileHorizontal);        //使用MdiLayout枚举实现窗体的水平平铺
}
```

程序运行结果如图2.15所示。

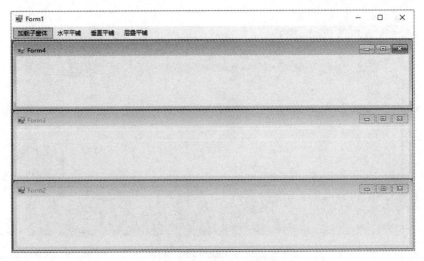

图 2.15 水平平铺子窗体

（6）单击"垂直平铺"菜单，使窗体中所有子窗体垂直排列。
代码如下：
  private void 垂直平铺ToolStripMenuItem_Click(object sender, EventArgs e)
  {
    LayoutMdi(MdiLayout.TileVertical);
  }
程序运行结果如图 2.16 所示。

图 2.16 垂直平铺子窗体

（7）单击"层叠排列"菜单，使窗体中所有的子窗体层叠排列。代码如下：
  private void 层叠平铺ToolStripMenuItem_Click(object sender, EventArgs e)
  {
    LayoutMdi(MdiLayout.Cascade);
  }
程序运行结果如图 2.17 所示。

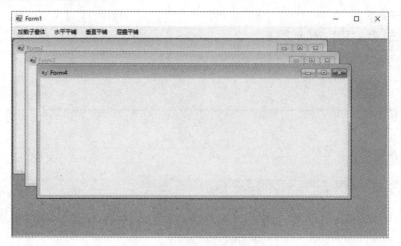

图 2.17　层叠排列子窗体

2.3　菜单和菜单组件

上节示例中使用了菜单控件，本节对其进行介绍。

MenuStrip 控件是程序的主菜单。MenuStrip 控件取代了先前版本的 MainMenu 控件。可以通过添加访问键、快捷键、选中标记、图像和分割条来增强菜单的可用性和可读性。如图 2.18 所示为 MenuStrip 控件。

图 2.18　MenuStrip 控件

MenuStrip 控件可以添加 MenuItem（菜单项）、ComboBox（复选框）和 TextBox（文本框）三种类型。一般而言，MenuItem 作为按钮进行添加，单击后有一定的功能；ComboBox 作为选择框，选择或者改变选择后产生事件；TextBox 可用作提示框等。

1. 菜单项

此种类型用途最为广泛，几乎所有的客户端程序都拥有这些菜单项。它们往往出现在程序的上方，以按钮的形式出现，单击后会产生一定的事件。这些按钮的本质就是菜单项（MenuItem）。.NET 框架对菜单项提供了相当强大的支持，给程序设计人员足够的便利自定义控件的属性、外观和行为。下面，我们通过一个实例介绍如何使用它们。

【例 2.9】创建一个 Windows 应用程序，演示如何通过 MenuStrip 控件创建一个类似记事本的"文件"菜单。

具体步骤如下：

（1）创建 Windows 应用程序，并向窗体中添加 MenuStrip 控件。

（2）在输入菜单名称时，系统会自动产生输入下一个菜单名称的提示，如图 2.19 所示。

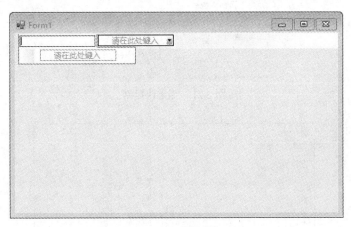

图 2.19　输入菜单名称

（3）在图 2.19 所示的文本框中输入"文件(&F)"后，就会产生"文件(F(word 中加一个下划线))"。在此处，"&"会被识别为确认快捷键的字符。例如，"文件(F(word 中加一个下划线))"菜单就可以通过按 Alt+F 组合键打开。同样，在"文件(F(word 中加一个下划线))"菜单中还可以创建"新建(N)""打开""关闭""保存"等子菜单。当单击"文件"菜单后，可在弹出的菜单中右击，添加其他的内容，如图 2.20 所示添加分隔线。

图 2.20　添加分隔线

（4）通过 ShortcutKeys 属性可以为按钮添加快捷键，如图 2.21 所示。绑定快捷键后，按 Ctrl+E 组合键就会产生单击按钮一样的事件。例如为"编辑"按钮绑定一个 MessageBox 弹出事件，程序运行结果如图 2.22 所示。

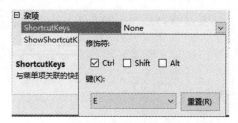

图 2.21 绑定快捷键

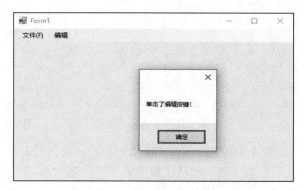

图 2.22 快捷键运行结果

2. 复选框和文本框

复选框和文本框是 MenuStrip 提供的另外两种类型的组件。添加方法为先单击 MenuStrip 控件的下拉按钮，然后选择要添加的组件，如图 2.23 所示。

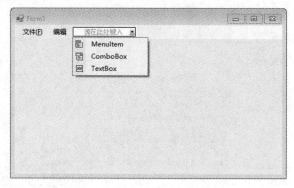

图 2.23 添加复选框和文本框

复选框（ComboBox）可添加多个值以供选择。例如选择地点，可在复选框中添加城市供用户进行选择。

【例 2.10】添加一个为选择地点的复选框，复选框中包含北京、上海、广州和深圳四个城市。

具体步骤如下：

（1）单击 MenuStrip 下拉菜单，选择 ComboBox 选择项，就会出现一个复选框组件。

（2）更改复选框组件的 Text 属性，使其显示为"地点"，如图 2.24 所示。

（3）向 Items 属性中添加上述四个地点，如图 2.25 所示。

图 2.24 更改 Text 属性

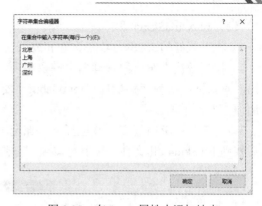

图 2.25 在 Items 属性中添加地点

程序运行结果如图 2.26 所示。

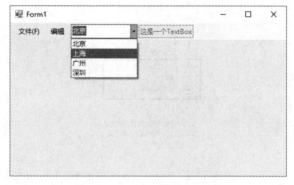

图 2.26 复选框程序运行结果

文本框操作与上述复选框操作类似,请读者自行实现。

2.4 窗体界面的美化

在进行桌面应用程序开发时,开发者都希望设计出来的应用程序更加美观,而不是单纯地使用系统所提供的有限的更换背景或是颜色等单纯的功能。此时,需要对窗体进行美化。美化一般有两种方式:一种是使用插件的方式,另一种是美工绘制窗体。下面对使用插件进行美化的方式进行介绍。

使用插件对窗体进行美化,可以从网络中选取想要的插件进行导入,只需执行简单的几步操作便可以更改窗体的样式。这里使用 IrisSkin4 插件对窗体进行美化。读者可在网络中搜索并下载。

下载链接:https://www.cr173.com/soft/69061.html#address。

【例 2.11】创建一个 Windows 窗体,设计成登录窗体的样式,即在窗体中添加两个 Label 标签作为用户名和密码的标记、两个 TextBox 分别填写用户名和密码、两个 Button 分别为登录和注册按钮,然后导入 IrisSkin4 插件进行美化。

实现步骤如下:

(1)添加相应窗体并修改对应的名称和 text 属性。

（2）导入 IrisSkin4 插件。

1）将下载好的 IrisSkin4.dll 文件和皮肤文件夹拷贝到项目的\bin\Debug 目录下。

2）找到解决方案资源管理器中的引用项，右击并选择"添加引用"→"浏览"选项，在弹出的对话框中找到拷贝至项目\bin\debug 目录下的 IrisSkin4.dll 文件并双击，此时 IrisSkin4.dll 引用便添加到了项目中。

3）在工具栏空白处右击并选择"添加选项卡"命令，为其命名。本例中命令为"皮肤"。随后找到 IrisSkin4.dll 文件，将其拖动到"皮肤"选项卡下。结果如图 2.27 所示。

图 2.27 添加"皮肤"选项卡

4）在 Form1 构造函数中的 InitializeComponent()方法下添加两行代码，将路径替换为真实路径，如"//Skins//DeepCyan.ssk"。

```
public Form1()
{
    InitializeComponent();
    this.skinEngine1 = new Sunisoft.IrisSkin.SkinEngine
            (((System.ComponentModel.Component)(this)));
    this.skinEngine1.SkinFile = Application.StartupPath + "//皮肤文件.skk";
}
```

5）运行程序，执行结果如图 2.28 所示。

图 2.28 窗体美化执行结果

当然，除 IrisSkin4 外还有很多美化窗体的插件。读者可以在互联网中查阅资料并自己下载使用。

2.5 习题

1．通过窗体的"属性"面板设置图标、标题、位置和背景。

2．通过调用 Show 方法在一个窗体中通过按钮打开另一个窗体，例如在 Form1 窗体中添加一个 Button 按钮，在按钮的 Click 事件中调用 Show 方法，打开 Form2 窗体。

3．练习如何将窗体设置成父窗体或子窗体。例如将 Form2、Form3、Form4、Form5 这 4 个窗体设置成子窗体，并且在父窗体 Form1 中打开这 4 个子窗体。

4．创建一个 Windows 应用程序，演示如何通过 MenuStrip 控件创建一个类似记事本的"文件"菜单。

第 3 章 WinForm 控件基础

第 2 章讲述了可视化的基础，本章将会详细讲解常用的可视化控件及控件的常用属性和操作。

3.1 TextBox 控件

TextBox 控件用于获取用户输入的数据或者显示文本。TextBox 控件通常用于可编辑文本，也可以使其成为只读控件。文本框可以显示多行，对文本换行使其符合控件的大小。图 3.1 所示为 TextBox 控件。

图 3.1 TextBox 控件

下面详细介绍 TextBox 控件的一些常用设置和事件。

1. 创建只读文本框

通过设置 TextBox 控件的 ReadOnly 属性可以设置文本框是否为只读。如果 ReadOnly 属性为 true，那么不能编辑文本框，而只能通过文本框显示数据。

【例 3.1】创建一个 Windows 应用程序，将文本框设置为只读，并且使文本框显示"Hello World！！！"。

代码如下：

```
        private void Form1_Load(object sender, EventArgs e)        //窗体的加载事件
        {
            textBox1.ReadOnly = true;                              //将文本框设置为只读
            textBox1.Text = "Hello World!!!";                      //设置文本框的内容
        }
```

程序运行结果如图 3.2 所示。

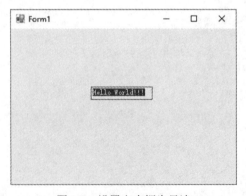

图 3.2 设置文本框为只读

说明：上例中我们将设置属性的操作以代码的形式写在窗体的 Load 事件中。这样做是为

了让读者能够更熟悉相关属性和其设置，此后几乎所有的示例程序都将使用这种方式。当然，也可以在窗体设计页面使用 F4 键调出控件和窗体的属性设置栏，在属性设置栏中找到相应的属性和事件来进行设置。

2. 创建密码文本框

通过设置文本框的 PasswordChar 属性或者 UseSystemPasswordChar 属性可以将文本框设置成密码文本框，使用 PasswordChar 属性可以设置输入密码时文本框中显示的字符（例如，将密码显示成"*"或"#"等）。如果将 UserPasswordChar 设置为 true，则输入密码时文本框中将密码显示为"*"。

【例 3.2】创建一个 Windows 应用程序，设置 PasswordChar 属性使密码文本框中的字符自定义显示为"@"，也可以将 UserSystemPasswordChar 属性设置为 true，使密码文本框中的字符显示为"*"。

代码如下：

```
private void Form1_Load(object sender, EventArgs e)        //窗体的加载事件
{
    //设置文本框的 PassowrdChar 属性为字符@
    textBox1.PasswordChar = '@';
    //设置文本框的 UseSystemPasswordChar 属性为 true
    textBox2.UseSystemPasswordChar = true;
}
```

程序运行结果如图 3.3 所示。

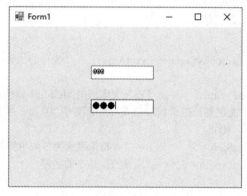

图 3.3 设置 PasswordChar 属性

3. 创建多行文本框

默认情况下，TextBox 控件只允许输入单行数据。如果将其 Multiline 属性设置为 true，TextBox 控件就可以输入多行数据。

【例 3.3】创建一个 Windows 应用程序，将文本框的 Multiline 属性设置为 true，使其能够输入多行数据。

代码如下：

```
private void Form1_Load(object sender, EventArgs e)        //窗体的加载事件
{
    textBox1.Multiline = true;        //设置文本框的 Multiline 属性使其多行显示
    textBox1.Text = "北风卷地白草折，胡天八月即飞雪。忽如一夜春风来，千树万树梨花开。";
```

```
            textBox1.Height = 100;
        }
```
程序运行结果如图 3.4 所示。

图 3.4　显示多行数据

4．突出显示文本框中的文本

在 TextBox 控件中，可以通过编程方式选择文本：通过 SelectionStart 属性和 SelectionLength 属性设置突出显示的文本，SelectionStart 属性用于设置选择的起始位置，SelectionLength 属性用于设置选择文本的长度。

说明：如果用 SelectionStart 属性设置的起始位置在回车符和换行符之间，选择长度将自动加 1，以使所获得的选择跨越整个行尾标记。该属性值不能为负数。

【例 3.4】创建一个 Windows 应用程序，从字符串索引为 5 的位置开始选择，选择文本的长度为 5，并将选择的文本突出显示。

代码如下：
```
        private void Form1_Load(object sender, EventArgs e)      //窗体的加载事件
        {
            textBox1.Multiline = true;           //设置文本框的 Multiline 属性使其多行显示
            textBox1.Text = "北风卷地白草折，胡天八月即飞雪。忽如一夜春风来，千树万树梨花开。";
            textBox1.Height = 100;
            textBox1.SelectionStart = 5;         //从文本框中索引为 5 的位置开始选择
            textBox1.SelectionLength = 5;        //选择长度是 5 的字符
        }
```
程序运行结果如图 3.5 所示。

图 3.5　突出显示文本框中指定的文本

5. 相应文本框的文本更改事件

当文本框中的文本发生更改时，将会引发文本框的 TextChanged 事件。

【例 3.5】创建一个 Windows 应用程序，在文本框的 TextChanged 事件中编写代码，实现当文本框中的文本更改时 Label 控件显示更改后的文本。

代码如下：
```
private void textBox1_TextChanged(object sender, EventArgs e)
{
    label1.Text = textBox1.Text;
}
```
程序运行结果如图 3.6 所示。

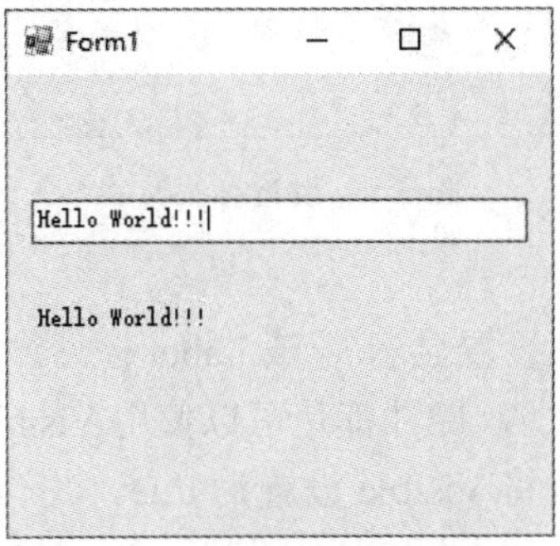

图 3.6 显示更改后的文本

3.2 Label 控件

Label 控件主要用于显示用户不能编辑的文本，标识窗体上的对象（例如，给文本框、列表框等添加描述信息），也可以通过编写代码来设置要显示的信息。如图 3.7 所示为 Label 控件。

图 3.7 Label 控件

1. 设置标签文本

可以通过两种方式设置 Label 控件显示的文本，第一种是直接在 Label 控件的属性面板中设置 Text 属性，第二种是通过代码设置 Text 属性。

【例 3.6】向窗体中拖拽一个 Label 控件，然后将其显示文本设置为 "Hello World！！！"。

代码如下：
```
private void Form1_Load(object sender, EventArgs e)
```

```
        {
            label1.Text = "Hello World!!!";
        }
```
程序运行结果如图 3.8 所示。

图 3.8　设置标签文本

2. 显示/隐藏控件

可以通过设置 Visible 属性来设置显示/隐藏 Label 控件。如果 Visible 属性的值为 true，显示控件；否则，隐藏控件。事实上，控件都是可以使用 Visible 属性设置可见与否的。

【例 3.7】显示 Label 控件，将 Visible 设置为 true。

代码如下：

```
        private void Form1_Load(object sender, EventArgs e)
        {
            label1.Visible = true;
        }
```

3.3　Button 控件

Button（按钮）控件允许用户通过单击来执行操作。Button 控件既可以显示文本，也可以显示图像。当该控件被单击时，先被按下，然后释放。如图 3.9 所示为 Button 控件。

图 3.9　Button 控件

下面详细介绍 Button 控件的一些常用设置。

1. 响应按钮的单击事件

单击 Button 控件时将引发一个 Click 事件并执行该事件中的代码。

【例 3.8】创建一个 Windows 应用程序，单击 Button 控件，引发 Click 事件，弹出提示框。
代码如下：

```
private void button1_Click(object sender, EventArgs e)      //按钮的 Click 事件
{
    MessageBox.Show("单击按钮，引发了 Click 事件");        //弹出提示框
}
```

程序运行结果如图 3.10 所示。

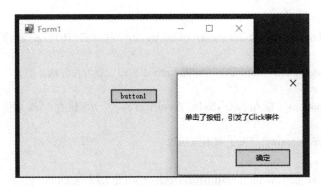

图 3.10 引发 Click 事件

2. 将按钮设置为窗体的"接受"按钮

通过设置窗体的 AcceptButton 属性可以设置窗体的"接受"按钮。如果设置了此按钮，则用户每次按下 Enter 键都相当于单击该按钮。

【例 3.9】创建一个 Windows 应用程序，将 Button1 按钮设置为 Form1 窗体的"接受"按钮。运行程序，当按下 Enter 键时，就会激发 Button1 按钮的 Click 事件，与单击 Button1 按钮的结果是一样的。

代码如下：

```
private void Form1_Load(object sender, EventArgs e)      //窗体的 Load 事件
{
    this.AcceptButton = button1;                         //将 button1 按钮设置为窗体的"接受"按钮
}
private void button1_Click(object sender, EventArgs e)   //按钮的 Click 事件
{
    MessageBox.Show("引发了接受按钮");                   //弹出提示框
}
```

运行程序，按 Enter 键时，激发了 Button1 按钮，如图 3.11 所示。

3. 将按钮设置为窗体的"取消"按钮

通过设置窗体的 CancelButton 属性可以设置窗体的"取消"按钮。如果设置该属性，则每次用户按 Esc 键都相当于单击了该按钮。

【例 3.10】创建一个 Windows 应用程序，将 Button2 按钮设置为 Form1 窗体的"取消"按钮，运行程序。当按 Esc 键时就会激发 Button2 按钮。

图 3.11 将按钮设置为窗体的"接受"按钮

代码如下：

```
private void Form1_Load(object sender, EventArgs e)      //窗体的 Load 事件
{
    this.CancelButton = button2;      //将 button2 按钮设置为窗体的"取消"按钮
}
private void button1_Click(object sender, EventArgs e)   //按钮的 Click 事件
{
    MessageBox.Show("引发了取消按钮");                //弹出提示框
}
```

运行程序，按 Esc 键时激发了 Button2 按钮，如图 3.12 所示。

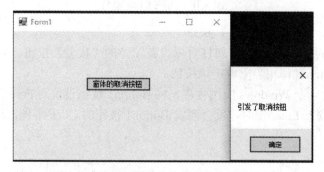

图 3.12 将按钮设置为窗体的"取消"按钮

3.4 Combobox 控件

ComboBox（下拉组合框）控件用于在下拉组合框中显示数据。它主要由两部分组成：第一部分是一个允许用户输入列表项的文本框；第二部分是一个列表框，它显示一个选项列表，用户可以从中选择一项。如图 3.13 所示为 ComboBox 控件。

下面详细介绍 ComboBox 控件的一些常见用法。

1. 创建只可以选择的下拉框

通过设置控件的 DropDownStyle 属性将 ComboBox 控件设置为只可以选择的下拉框。DropDownStyle 属性有 3 个属性值，这 3 个属性值对应不同的样式。

图 3.13 ComboBox 控件

Simple：使 ComboBox 控件的列表部分总是可见。

DropDown：DropDownStyle 属性的默认值，使用户可以编辑 ComboBox 控件的文本框部分，只有单击右侧的箭头才能显示列表部分。

DropDownList：用户不能编辑 ComboBox 控件的文本框部分，呈现下拉框的样式。

将控件的 DropDownStyle 属性设置为 DropDownList，控件就只能是可以选择的下拉框，而不能编辑文本框部分的内容。

【例 3.11】创建一个 Windows 应用程序，将 ComboBox 控件的 DropDownStyle 属性设置为 DropDownList，并且向控件中添加 3 项，使其为只可以进行选择操作的下拉框。

代码如下：

```
private void Form1_Load(object sender, EventArgs e)
{
    //设置 DropDownStyle 属性，使控件呈现下拉列表的样式
    comboBox1.DropDownStyle = ComboBoxStyle.DropDownList;
    comboBox1.Items.Add("北京");
    comboBox1.Items.Add("上海");
    comboBox1.Items.Add("广州");
    comboBox1.Items.Add("深圳");
}
```

程序运行结果如图 3.14 所示。

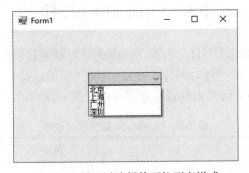

图 3.14 只可以选择的下拉列表样式

2. 相应下拉组合框的选项值更改事件

当下拉列表的选择项发生改变时，将会引发控件的 SelectedValueChanged 事件。

【例 3.12】创建一个 Windows 应用程序，当下拉列表的选择项发生改变时会引发控件的 SelectedValueChanged 事件。在控件的 SelectedValueChanged 事件中，使 Label 控件的 Text 属性等于控件的选择项。

代码如下：

```
private void Form1_Load(object sender, EventArgs e)
{
    //设置 DropDownStyle 属性，使控件呈现下拉列表的样式
    comboBox1.DropDownStyle = ComboBoxStyle.DropDown;
    //向控件中添加项目
    comboBox1.Items.Add("北京");
    comboBox1.Items.Add("上海");
```

```
            comboBox1.Items.Add("广州");
        }
        private void comboBox1_SelectedValueChanged(object sender, EventArgs e)
        {
            //在控件的 SelectedValueChanged 事件中，使 Label 控件的 Text 属性等于控件选择项
            label1.Text = comboBox1.Text;
        }
```
程序运行结果如图 3.15 所示。

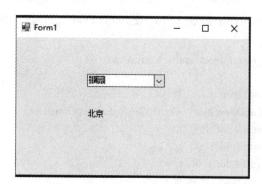

图 3.15 获取控件改变后的值

3.5 PictureBox 控件

在 WinForm 中，一张图片不只是画面，里面还存有很多其他信息。图片是以二进制进行编码的。可以使用 PictureBox 控件对图片进行显示的控制。通过设置 image 属性执行图片显示。PictureBox 可通过 SizeMode 属性来设置显示图片的方式，属性值及说明如表 3-1 所示。

表 3-1 SizeMode 属性值及说明

属性值	说明
Normal	图片大小不变，位于左上角
StrechImage	拉伸图片以适应 PictureBox（图片会变形）
AutoSize	PictureBox 适应图片
CenterImage	图片居中显示
Zoom	图片填充 PictureBox（不变形）

读者可在窗体的编辑页面设置这些属性，查看不同结果。

3.6 ImageList 控件

ImageList 控件用于存储图像资源，然后在控件上显示出来，这样就简化了对图像的管理。ImageList 控件的主要属性是 Images，它包含关联控件将要使用的图片。每个单独的图像可通过其索引值或键值来访问。所有图像都将以同样的大小显示，该大小由 ImageSize 属性设置，

较大的图像将缩小至适当的尺寸。如图 3.16 所示为 ImageList 控件。

图 3.16　ImageList 控件

ImageList 控件实际上就相当于一个图片集，也就是将多张图片存储到其中，当想要对某一图片进行操作时，只需根据图片的编号就可以找出该图片，并对其进行操作。

1. 向 ImageList 控件中添加图像

Add 方法的功能是将指定图像添加到 ImageList 控件中。

语法如下：

  Public　void　Add(Image value)

Value：要添加到列表中的图像。

【例 3.13】创建一个 Windows 应用程序，首先获取图片的路径，然后通过 ImageList 控件 Images 属性的 Add 方法向控件中添加图片。

代码如下：

```
private void Form1_Load(object sender, EventArgs e)
{
    //设置要加载的第一张图片的路径
    string Path = Application.StartupPath + "//1.jpg";
    //设置要加载的第二张图片的路径
    string Path2 = Application.StartupPath + "//2.jpg";
    Image Mimg = Image.FromFile(Path, true);          //创建一个 Image 对象
    //使用 Images 属性的 Add 方法向控件中添加图像
    imageList1.Images.Add(Mimg);
    Image Mimg2 = Image.FromFile(Path2, true);        //创建一个 Image 对象
    imageList1.ImageSize = new Size(200, 165);        //设置显示图片大小
    pictureBox1.Width = 200;                          //设置 pictureBox1 控件的宽和高
    pictureBox1.Height = 165;
}
private void button1_Click(object sender, EventArgs e)
{
    //设置 pictureBox1 的图像索引是 imageList1、控件索引为 0 的图片
    pictureBox1.Image = imageList1.Images[0];


}
```

```
private void button2_Click(object sender, EventArgs e)
{
    //设置 pictureBox1 的图像索引是 imageList1、控件索引为 1 的图片
    pictureBox1.Image = imageList1.Images[1];
}
```

程序运行结果如图 3.17 所示。

图 3.17 显示添加后的图像

2. 在 ImageList 控件中移除图像

在 ImageList 控件中可以使用 RemoveAt 方法移除单个图像或使用 Clear 方法清除图像列表中的所有图像。

RemoveAt 方法用于从列表中移除图像。

语法如下：

  Public　void　RemoveAt(int　index)

Index：要移除的图像的索引。

Clear 方法主要用于从 ImageList 中移除所有图像。

语法如下：

  Public　void　Clear()

【例 3.14】创建一个 Windows 应用程序，选择要在控件上显示的图像，并使用 Images 属性的 Add 方法将其添加到控件中，然后运行程序。单击"加载图像"按钮显示图像，在单击"移除图像"按钮移除图像之后重新单击"加载图像"按钮，将弹出"没有图像"的提示。

代码如下：

```
private void Form1_Load(object sender, EventArgs e)
{
    //设置 pictureBox1 控件的宽和高
    pictureBox1.Width = 200;
    pictureBox1.Height = 165;
    //设置要加载的第一张图片的路径
    string Path = Application.StartupPath + "//1.jpg";
    //创建一个 Image 对象
    Image img = Image.FromFile(Path, true);
```

```
    //使用 Images 属性的 Add 方法向控件中添加图像
    imageList1.Images.Add(img);
    //设置显示图片大小
    imageList1.ImageSize = new Size(200, 165);
}
private void button1_Click(object sender, EventArgs e)
{
    if(imageList1.Images.Count == 0)
    {
        MessageBox.Show("没有图片");
    }
    else
    {
        //使 pictureBox1 控件显示 imageList1 控件中索引为 0 的图像
        pictureBox1.Image = imageList1.Images[0];
    }
}
private void button2_Click(object sender, EventArgs e)
{
    if(imageList1.Images.Count == 0)
    {
        MessageBox.Show("没有图片");
    }
    else
    {
        //使用 RemoveAt 方法移除图像
        imageList1.Images.RemoveAt(0);
        pictureBox1.Image = null;
    }
}
```

程序运行结果如图 3.18 和图 3.19 所示。

图 3.18　图像移除前

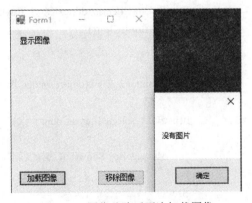

图 3.19　图像移除后再次加载图像

3.7 ListBox 控件

ListBox 控件用于显示一个列表，用户可以从中选择一项或多项。如果选项总数大于可以显示的项数，则控件会自动添加滚动条。如图 3.20 所示为 ListBox 控件。

图 3.20　ListBox 控件

1. 在 ListBox 控件中添加和移除项目

通过 ListBox 控件 Items 属性的 Add 方法可以向 ListBox 控件中添加项目。通过 ListBox 控件 Items 属性的 Remove 方法可以将 ListBox 控件中选中的项目移除。

【例 3.15】创建一个 Windows 应用程序，通过 ListBox 控件 Items 属性的 Add 方法和 Remove 方法实现向控件中添加项目和移除选中的项目。

代码如下：

```csharp
private void button1_Click(object sender, EventArgs e)
{
    if(textBox1.Text == "")
    {
        MessageBox.Show("请输入要添加的数据");
    }
    else
    {
        listBox1.Items.Add(textBox1.Text);
        textBox1.Clear();
    }
}
private void button2_Click(object sender, EventArgs e)
{
    if(listBox1.SelectedItems.Count == 0)
    {
        MessageBox.Show("请选择要删除的项目");
    }
    else
    {
```

listBox1.Items.Remove(listBox1.SelectedItem);
    }
}
```

程序运行结果如图 3.21 所示。

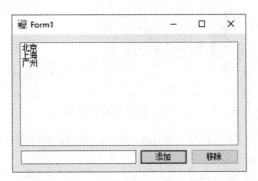

图 3.21　向 ListBox 控件中添加和移除项目

2. 创建总显示滚动条的列表控件

通过设置控件的 HorizontalScrollbar 属性和 ScrollAlwaysVisible 属性可以使控件显示滚动条。如果将 HorizontalScrollbar 属性设置为 true，则显示水平滚动条；如果将 ScrollAlwaysVisible 属性设置为 true，则显示垂直滚动条。

【例 3.16】创建一个 Windows 应用程序，然后向窗体中添加一个 ListBox 控件、一个 TextBox 控件和一个 Button 控件，将 ListBox 控件的 HorizontaScrollbar 属性和 ScrollAlwaysVisible 属性都设置为 true，使其能显示水平和垂直方向的滚动条。

代码如下：

```
private void button1_Click(object sender, EventArgs e)
{
    if(textBox1.Text == "")
    {
        MessageBox.Show("请输入要添加的数据");
    }
    else
    {
        listBox1.Items.Add(textBox1.Text);
        textBox1.Clear();
    }
}
private void Form1_Load(object sender, EventArgs e)
{
    //HorizontalScrollbar 属性设置为 true，使其能够显示水平方向的滚动条
    listBox1.HorizontalScrollbar = true;
    //ScrollAlwaysVisible 属性设置为 true，使其能够显示垂直方向的滚动条
    listBox1.ScrollAlwaysVisible = true;
}
```

程序运行结果如图 3.22 所示。
```

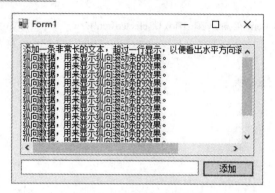

图 3.22　控件显示滚动条

说明：在 ListBox 控件中可以使用 MultiColumn 属性指示该控件是否支持多列。如果将其设置为 true，则支持多列显示。

3. 在 ListBox 控件中选择多项

通过设置 SelectionMode 属性的值可以实现在 ListBox 控件中选择多项。SelectionMode 属性的属性值是 SelectionMode 枚举值之一，默认为 SelectionMode.One。SelectionMode 枚举成员及说明如表 3-2 所示。

表 3-2　SelectionMode 枚举成员及说明

枚举成员	说明
MultiExtended	可以选择多项，并且用户可以使用 Shift 键、Ctrl 键和箭头键来进行选择
MultiSimple	可以选择多项
None	无法选择项
One	只能选择一项

下面以 MultiExtended 为例介绍如何使用枚举成员。

【例 3.17】创建一个 Windows 应用程序，然后通过设置控件的 SelectionMode 属性值为 SelectionMode 枚举成员 MultiExtended 实现在控件中可以选择多项，并且用户可以使用 Shift 键、Ctrl 键和箭头键来进行选择。

代码如下：

```
    private void button1_Click(object sender, EventArgs e)
    {
        if(textBox1.Text == "")
        {
            MessageBox.Show("请输入要添加的数据");
        }
        else
        {
            listBox1.Items.Add(textBox1.Text);
            textBox1.Clear();
        }
```

}
private void Form1_Load(object sender, EventArgs e)
{
　　//SelectionMode 属性值为 SelectionMode 枚举成员 MultiExtended，实现在控件中可以选择多项
　　listBox1.SelectionMode = SelectionMode.MultiExtended;
}
private void button2_Click(object sender, EventArgs e)
{
　　//显示选择项的数目
　　label1.Text = "共选择了：" + listBox1.SelectedItems.Count.ToString() + "项";
}

程序运行结果如图 3.23 所示。

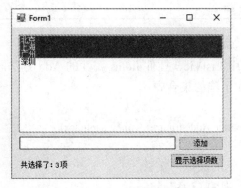

图 3.23　在 ListBox 控件中选择多项

3.8　Listview 控件

ListView（列表视图）控件显示带图标的项的列表，可以显示大图标、小图标和数据。使用 ListView 控件可以创建类似 Windows 资源管理器右窗格的用户界面。如图 3.24 所示为 ListView 控件。

图 3.24　ListView 控件

ListView 控件可以通过 View 属性设置在控件中显示的方式。View 属性的值及说明如表 3-3 所示。

表 3-3　View 属性的值及说明

属性值	说明
Details	每个项显示在不同的行上，并带有关于列中所排列的各项的进一步信息。最左边的列包含一个小图标和标签，后面的列包含应用程序指定的子项。列显示一个表头，它可以显示列的标题。用户可以在运行时调整各列的大小
LargeInco	每个项都显示为一个最大的图标，在它的下面有一个标签。这是默认的视图模式
List	每个项都显示为一个小图标，在它右边带一个标签，各项排列在列中，没有列标头
SmallInco	每个项都显示为一个小图标，在它右边带一个标签，界面显示没有行的概念
Title	每个项都显示为一个完整大小的图标，在它右边带项标签和子项信息。显示的子项信息由应用程序指定

1. 在 ListView 控件中添加移除项

（1）添加项。可以使用 ListView 控件 Items 属性的 Add 方法向控件中添加项。

Add 方法用于将项添加至项的集合中。

语法如下：

  public virtual ListViewItem Add(string text, int imageIndex)

text：项的文本。

imageIndex：为该项显示的图像的索引。

返回值：已添加到集合中的 ListViewItem。

【例 3.18】创建一个 Windows 应用程序，通过使用 ListView 控件 Items 属性的 Add 方法向控件中添加项。

代码如下：

```
private void button1_Click(object sender, EventArgs e)
{
    if(textBox1.Text == "")
    {
        MessageBox.Show("项目不能为空");
    }
    else
    {
        //使用 ListView 控件 Items 属性的 Add 方法向控件中添加项
        listView1.Items.Add(textBox1.Text.Trim());
    }
}
```

程序运行结果如图 3.25 所示。

说明：在 ListView 控件中添加完项目后，可以用 CheckBoxes 属性显示复选框，以便用户选择要对其执行操作的项。

（2）移除项。通过使用控件的 Items 属性的 RemoveAt 或 Clear 方法可以移除控件中的项。

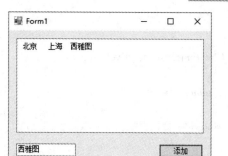

图 3.25　添加项目

RemoveAt 方法用于移除集合中指定索引处的项。

语法如下：

  public virtual void RemoveAt(int index)

index：从零开始的索引（属于要移除的项）。

Clear 方法用于从集合中移除所有的项。

语法如下：

  public virtual void Clear()

【例 3.19】创建一个 Windows 应用程序，向控件中添加 3 个项目，然后选择要移除的项。单击"移除项"按钮，即可通过控件的 Items 属性的 RemoveAt 方法移除指定的项；单击"清空"按钮可以调用 Clear 方法清空所有的项。

代码如下：

```
private void btnAdd_click(object sender, EventArgs e)
{
    if(textBox1.Text == "")
    {
        MessageBox.Show("项目不能为空");
    }
    else
    {
        //使用 ListView 控件 Items 属性的 Add 方法向控件中添加项
        listView1.Items.Add(textBox1.Text.Trim());
    }
}
private void btnRemove_Click(object sender, EventArgs e)
{
    if(listView1.SelectedItems.Count == 0)
    {
        MessageBox.Show("请选择要删除的项");
    }
    else
    {
        //使用 RemoveAt 方法移除选中的项目
        listView1.Items.RemoveAt(listView1.SelectedItems[0].Index);
        listView1.SelectedItems.Clear();
```

```
        }
    }
    private void btnClear_Click(object sender, EventArgs e)
    {
        if(listView1.Items.Count == 0)
        {
            MessageBox.Show("集合为空");
        }
        else
        {
            listView1.Items.Clear();
        }
    }
```

程序运行结果如图 3.26 和图 3.27 所示。

图 3.26 移除项目前

图 3.27 移除项目后

说明：移除前必须判断集合中是否存在该项，否则会产生异常。

2. 选择 ListView 控件中的项

可以通过控件的 Selected 属性设置控件中的选择项。

Selected 属性用于获取或设置一个值，该值指定是否选定该项。

语法如下：

    public bool Selected{get; set;}

属性值：如果选定该项，则为 true，否则为 false。

【例 3.20】创建一个 Windows 应用程序，向 ListView 控件中添加 3 项，然后设置控件中第三项的 Selected 属性为 true，并设置为选择项。

代码如下：

```
    private void Form1_Load(object sender, EventArgs e)
    {
        listView1.Items.Add("北京");
        listView1.Items.Add("上海");
        listView1.Items.Add("广州");
        listView1.Items[2].Selected = true;
    }
```

程序运行结果如图 3.28 所示。

图 3.28　设置控件选择项

3．为 ListView 控件中的项添加图标

如果要为 ListView 控件中的项添加图标，则需要使用 ImageList 控件来设置 ListView 控件中项的图标。ListView 控件可以显示 3 个图像列表中的图标。List 视图、Detail 视图和 SmallIcon 视图显示 SmallImageList 属性中指定图像列表中的图像。LargeIcon 视图显示 LargeImageList 属性中指定图像列表中的图像。列表视图还可以在大图标或小图标旁显示 StateImageList 属性中设置的一组附加图标。实现的步骤如下：

（1）将相应的属性（SmallImageList、LargeImageList 或 StateImageList）设置为想要使用的现有 ImageList 组件。

（2）为每个具有关联图标的列表项设置 ImageIndex 或 StateImageIndex 属性。这些属性可在代码中设置，或在"ListViewItem 集合编辑器"中进行设置。若要打开"ListViewItem 集合编辑器"，可在"属性"窗口中单击 Items 属性旁的省略号按钮，这些属性可在设计器中使用"属性"窗口进行设置，也可以在代码中设置。

【例 3.21】创建一个 Windows 应用程序，设置 ListView 控件的 LargeImageList 和 SmallImageList 属性为控件 ImageListl。然后用代码向 ImageList1 控件中添加图像，并且向 ListView 控件中添加两项，设置这两项的 ImageIndex 属性分别为 0 和 1。

代码如下：

```
private void Form1_Load(object sender, EventArgs e)
{
    listView1.LargeImageList = imageList1;
    imageList1.ImageSize = new Size(37, 36);
    //向 ImageList1 中添加两个图标
    imageList1.Images.Add(Image.FromFile("1.jpg"));
    imageList1.Images.Add(Image.FromFile("2.jpg"));
    listView1.SmallImageList = imageList1;
    //向控件中添加两项
    listView1.Items.Add("清华大学");
    listView1.Items.Add("北京大学");
    listView1.Items[0].ImageIndex = 0;
    listView1.Items[1].ImageIndex = 1;
}
```

程序运行结果如图 3.29 所示。

图 3.29 为控件中的项添加图标

说明：如果想要将 ImageList 组件中的大图标显示在 ListView 控件中的各项时，一般使用 LargeImageList 属性。如果要设置大图标，一般使用 StateImageList 属性进行设置。

4. 在 ListView 控件中启用平铺视图

启用 ListView 控件的平铺视图功能可以在图形信息和文本信息之间提供一种视觉平衡。平铺视图中的某项显示的文本信息与详细信息视图定义的列信息相同。在 ListView 控件中，平铺视图与分组功能或插入标记功能一起结合使用。如果要启用平铺视图，需要将 View 属性设置为 Tile，可以通过设置 TileSize 属性来调整平铺的大小。关于 View 属性的值及说明如表 3-3 所示。

【例 3.22】创建一个 Windows 应用程序，将控件的 View 属性设置为 Tile，启用平铺视图。然后为 ImageList 控件添加两张图片作为 ListView 控件中项的图标，再向 ListView 控件中添加 5 项，并设置各项的图标，通过控件的 TileSize 属性设置平铺的宽、高分别为 100、50。

代码如下：

```
private void Form1_Load(object sender, EventArgs e)
{
    listView1.View = View.Tile;
    listView1.LargeImageList = imageList1;
    //向 imageList1 中添加两个图标
    imageList1.Images.Add(Image.FromFile("1.jpg"));
    imageList1.Images.Add(Image.FromFile("2.jpg"));
    listView1.SmallImageList = imageList1;
    //向控件中添加两项
    listView1.Items.Add("清华大学");
    listView1.Items.Add("北京大学");
    listView1.Items.Add("清华大学");
    listView1.Items.Add("北京大学");
    listView1.Items.Add("清华大学");
    listView1.Items[0].ImageIndex = 0;
    listView1.Items[1].ImageIndex = 1;
    listView1.Items[2].ImageIndex = 0;
    listView1.Items[3].ImageIndex = 1;
    listView1.Items[4].ImageIndex = 0;
    listView1.TileSize = new Size(100, 50);
}
```

程序运行结果如图 3.30 所示。

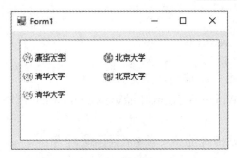

图 3.30　启用平铺视图

说明：在对 ListView 控件中的 GridLines（行和列之间是否显示网格线）和 FullRowSelect（单击某项是否选择其所有子项）属性进行操作时，必须将 View 属性设置为 View.Details。

5．为 ListView 控件中的项分组

使用 ListView 控件的分组功能可以以分组形式显示相关项组。在屏幕上，这些组由包含组标题的水平组标头分隔。可以使用 ListView 组按字母顺序、日期或任何其他逻辑组合对项进行分组，从而简化大型列表的导航。若要启用分组，首先必须在设计器中以编程方式创建一个或多个组。定义组后，可向组分配 ListView 项。此外，可以用编程方式将一个组中的项移至另外一个组中。下面介绍为 ListView 控件中的项分组的方法。

（1）添加组。

使用 Groups 集合的 Add 方法可以向控件中添加组，Add 方法用于将指定的 ListViewGroup 添加到集合中。

语法如下：

  public int Add(ListViewGroup group)

group：要添加到集合中的 ListViewGroup。

返回值：该组在集合中的索引。或者，如果集合中已存在该组，则为-1。

【例 3.23】使用 Groups 集合的 Add 方法向控件 ListView1 中添加一个分组，标题为"测试"，排列方式为左对齐。

代码如下：

  listView1.Groups.Add(new ListViewGroup("测试", HorizontalAlignment.Left));

（2）移除组。

使用 Groups 集合的 RemoveAt 或 Clear 方法可以移除指定的组或者移除所有的组。

RemoveAt 方法用于移除集合中指定索引位置的组。

语法如下：

  public void RemoveAt(int index)

index：要移除的 ListViewGroup 集合中的索引。

Clear 方法用于从集合中移除所有组。

语法如下：

  public void Clear()

【例 3.24】使用 Groups 集合的 RemoveAt 方法移除索引为 1 的组，使用 Clear 方法移除所有的组。

代码如下：

  listViewl.Groups.RemoveAt(1);
  listViewl.Groups.Clear();

（3）向组分配项或在组之间移动项。

设置各个项的 System.Windows.Forms.ListViewItem.Group 属性，可以向组分配项或在组之间移动项。

【例 3.25】将 ListView 控件的第一项分配到第一个组中。

代码如下：

  listView1.ltems[0].Group = listView1.Groups[0];

【例 3.26】创建一个 Windows 应用程序，将 ListView 控件的 View 属性设置为 SmallIcon。使用 Groups 集合的 Add 方法创建两个分组，标题分别为"名称"和"年龄"，排列方式为左对齐。向 ListView 控件中添加 6 项，然后设置每项的 Group 属性，将控件中的项进行分组。

代码如下：

```
private void Form1_Load(object sender, EventArgs e)
{
    listView1.View = View.SmallIcon;
    listView1.Groups.Add(new ListViewGroup("名称", HorizontalAlignment.Left));
    listView1.Groups.Add(new ListViewGroup("年龄", HorizontalAlignment.Left));

    listView1.Items.Add("小明");
    listView1.Items.Add("小王");
    listView1.Items.Add("小李");

    listView1.Items.Add("28");
    listView1.Items.Add("27");
    listView1.Items.Add("26");

    listView1.Items[0].Group = listView1.Groups[0];
    listView1.Items[1].Group = listView1.Groups[0];
    listView1.Items[2].Group = listView1.Groups[0];

    listView1.Items[3].Group = listView1.Groups[1];
    listView1.Items[4].Group = listView1.Groups[1];
    listView1.Items[5].Group = listView1.Groups[1];
}
```

程序运行结果如图 3.31 所示。

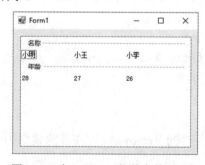

图 3.31 为 ListView 控件中的项分组

说明：如果想要临时禁用分组功能，可将 ShowGroups 属性设置为 false。

3.9 TreeView 控件

TreeView（树）控件可以为用户显示节点层次结构，每个节点又可以包含子节点，包含子节点的节点叫父节点，就像在 Windows 操作系统的 Windows 资源管理器功能的左窗格中显示文件和文件夹一样。如图 3.32 所示为 TreeView 控件。

图 3.32　TreeView 控件

1. 添加和删除树节点

（1）添加节点。使用 TreeView 控件 Nodes 属性的 Add 方法可以向控件中添加节点。语法如下：

  public virtual int Add（TreeNode node）

node：要添加到集合中的 TreeNode。

返回值：添加到树节点集合中的 TreeNode 的从零开始的索引值。

【例 3.27】创建一个 Windows 应用程序，使用 TreeView 控件 Nodes 属性的 Add 方法向控件中添加 3 个父节点，然后再使用 Add 方法分别向 3 个父节点中添加 3 个子节点。

代码如下：

```
private void Form1_Load(object sender, EventArgs e)
{
    //为控件建立 3 个父节点
    TreeNode tn1 = treeView1.Nodes.Add("名称");
    TreeNode tn2 = treeView1.Nodes.Add("性别");
    TreeNode tn3 = treeView1.Nodes.Add("年龄");
    //建立 3 个子节点
    TreeNode Ntn1 = new TreeNode("小明");
    TreeNode Ntn2 = new TreeNode("小张");
    TreeNode Ntn3 = new TreeNode("小李");
    //将以上的 3 个子节点添加到第一个父节点中
    tn1.Nodes.Add(Ntn1);
    tn1.Nodes.Add(Ntn2);
    tn1.Nodes.Add(Ntn3);
    //再建立 3 个子节点，用于显示性别
    TreeNode Stn1 = new TreeNode("男");
    TreeNode Stn2 = new TreeNode("女");
    TreeNode Stn3 = new TreeNode("男");
```

```
        //添加到第二个父节点
        tn2.Nodes.Add(Stn1);
        tn2.Nodes.Add(Stn2);
        tn2.Nodes.Add(Stn3);
        //年龄
        TreeNode Atn1 = new TreeNode("28");
        TreeNode Atn2 = new TreeNode("27");
        TreeNode Atn3 = new TreeNode("26");
        //加到第三个父节点中
        tn3.Nodes.Add(Atn1);
        tn3.Nodes.Add(Atn2);
        tn3.Nodes.Add(Atn3);
    }
```

程序运行结果如图 3.33 所示。

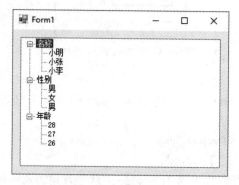

图 3.33 添加节点

（2）移除节点。使用 TreeView 控件 Nodes 属性的 Remove 方法可以从树节点集合中移除指定的树节点。

语法如下：

```
        public void Remove(TreeNode node)
```

node：要移除的 TreeNode。

【例 3.28】创建一个 Windows 应用程序，通过 TreeView 控件 Nodes 属性的 Remove 方法删除选中的子节点。

代码如下：

```
        private void Form1_Load(object sender, EventArgs e)
        {
            //为控件建立一个父节点
            TreeNode tn1 = treeView1.Nodes.Add("名称");
            //建立 3 个子节点
            TreeNode Ntn1 = new TreeNode("小明");
            TreeNode Ntn2 = new TreeNode("小张");
            TreeNode Ntn3 = new TreeNode("小李");
            //将以上的 3 个子节点添加到第一个父节点中
            tn1.Nodes.Add(Ntn1);
            tn1.Nodes.Add(Ntn2);
```

```
            tn1.Nodes.Add(Ntn3);
        }
        private void button1_Click(object sender, EventArgs e)
        {
            //如果用户选择了"名称",证明没有选择要删除的子节点
            if(treeView1.SelectedNode.Text == "名称")
            {
                MessageBox.Show("请选择要删除的子节点");
            }
            else
            {
                treeView1.Nodes.Remove(treeView1.SelectedNode);
            }
        }
```
运行程序并删除小李,结果如图 3.34 所示。

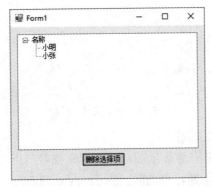

图 3.34 删除子节点

2. 获取树控件中选中的节点

可以在控件的 AfterSelect 事件中使用 EventArgs 对象返回对已单击节点对象的引用。通过检查 TreeViewEventArgs 类(它包含与事件有关的数据)确定单击了哪个节点。下面通过实例演示如何在 AfterSelect 事件中获取控件中选中节点显示的文本。

说明:在 BeforeCheck(在选中树节点复选框前发生)或 AfterCheck(在选中树节点复选框后发生)事件中尽可能不要使用 TreeNode.Checked 属性。

【例 3.29】创建一个 Windows 应用程序,在控件的 AfterSelect 事件中获取控件选中节点显示的文本。

代码如下:
```
        private void Form1_Load(object sender, EventArgs e)
        {
            //为控件建立一个父节点
            TreeNode tn1 = treeView1.Nodes.Add("名称");
            //建立 3 个子节点
            TreeNode Ntn1 = new TreeNode("小明");
            TreeNode Ntn2 = new TreeNode("小张");
            TreeNode Ntn3 = new TreeNode("小李");
```

```
            //将以上的 3 个子节点添加到第一个父节点中
            tn1.Nodes.Add(Ntn1);
            tn1.Nodes.Add(Ntn2);
            tn1.Nodes.Add(Ntn3);
        }
        private void treeView1_AfterSelect(object sender, TreeViewEventArgs e)
        {
            label1.Text = "当前选中节点：" + e.Node.Text;
        }
```
程序运行结果如图 3.35 所示。

图 3.35　获取选中的节点

3. 为树控件中的节点设置图标

TreeView 控件可在每个节点旁显示图标。图标紧挨着节点文本的左侧。若要显示这些图标，必须使树视图与 ImageList 控件相关联。为 TreeView 控件中的节点设置图标的步骤如下：

（1）设置 TreeView 控件的 ImageList 属性为想要使用的现有 ImageList 控件。这些属性可在设计器中使用"属性"面板进行设置，也可以在代码中设置。

（2）设置节点的 ImageIndex 和 SelectedImageIndex 属性，ImageIndex 属性确定正常和展开状态下的节点显示的图像，SelectedImageIndex 属性确定选定状态下的节点显示的图像。

【例 3.30】创建一个 Windows 应用程序，向控件中添加一个父节点和 3 个子节点。设置 TreeView 控件的 ImageList 属性为 imageList1，通过设置控件的 ImageIndex 属性实现正常状况下节点显示的图像的索引为 0；然后设置控件的 SelectedImageIndex 属性，实现选中某个节点后显示的图像的索引为 1。

代码如下：
```
        private void Form1_Load(object sender, EventArgs e)
        {
            //为控件建立一个父节点
            TreeNode tn1 = treeView1.Nodes.Add("名称");
            //建立 3 个子节点
            TreeNode Ntn1 = new TreeNode("清华大学");
            TreeNode Ntn2 = new TreeNode("北京大学");
            TreeNode Ntn3 = new TreeNode("麻省理工学院");
            //将以上的 3 个子节点添加到第一个父节点中
```

```
        tn1.Nodes.Add(Ntn1);
        tn1.Nodes.Add(Ntn2);
        tn1.Nodes.Add(Ntn3);
        //设置 imageList1 控件中显示的图像
        imageList1.Images.Add(Image.FromFile("1.jpg"));
        imageList1.Images.Add(Image.FromFile("2.jpg"));
        //设置 treeView1 的 ImageList 属性为 ImageList1
        treeView1.ImageList = imageList1;
        imageList1.ImageSize = new Size(16, 16);
        //设置 treeView1 控制节点的图标在 imageList1 控件中的索引为 0
        treeView1.ImageIndex = 0;
        //选择某个节点后显示的图标在 imageList1 控件中的索引为 1
        treeView1.SelectedImageIndex = 1;
    }
```

程序运行结果如图 3.36 所示。

图 3.36　为树节点添加图片

3.10　MonthCalendar 控件

MonthCalendar 控件（月历控件）提供了一个直观的图形界面，可以让用户查看和设置日期。MonthCalendar 控件中可以使用鼠标进行拖拽，用于选择一段连续的时间，此段连续的时间包括时间的起始和结束。如图 3.37 所示为 MonthCalendar 控件。

图 3.37　MonthCalendar 控件

1. 更改 MonthCalendar 控件的外观

MonthCalendar 控件允许用多种方法自定义月历的外观。例如，可以设置配色方案并选择显示或隐藏周数和当前日期。

（1）更改月历的配色方案。设置 TitleBackColor、TitleForeColor 和 TrailingForeColor 等属性可以更改月历控件的配色方案。TitleBackColor 属性用于设置日历标题区的背景色，TitleForeColor 属性用于设置日历标题区的前景色，TrailingForeColor 属性用于设置没有完全显示的日期的颜色。

【例 3.31】创建一个 Windows 应用程序，将控件的标题背景设置为蓝色、控件标题上的文字设置为黄色，将控件中不属于当前月份的其他日期的颜色设置为红色。

代码如下：

```
private void Form1_Load(object sender, EventArgs e)
{
    //设置标题背景色
    monthCalendar1.TitleBackColor = System.Drawing.Color.Blue;
    //设置其他日期颜色
    monthCalendar1.TrailingForeColor = System.Drawing.Color.Red;
    //设置标题文字颜色
    monthCalendar1.TitleForeColor = System.Drawing.Color.Yellow;
}
```

注意，如果运行结果无颜色改变，则需要注释掉 Programs.cs 文件中 Main()函数中的 Application.EnableVisualStyles();代码，程序运行结果如图 3.38 所示。

图 3.38 MonthCalendar 换颜色

（2）显示周数。将 ShowWeekNumbers 属性设置为 true，实现在控件中显示周数。也可以用代码或在"属性"面板中设置该属性。周数以单独的列出现在一周的第一天的左边。

【例 3.32】创建一个 Windows 应用程序，将控件的 ShowWeekNumbers 属性设置为 true，在控件中显示周数。

代码如下：

```
private void Form1_Load(object sender, EventArgs e)
{
    monthCalendar1.ShowWeekNumbers = true;
}
```

程序运行结果如图 3.39 所示。

图 3.39　显示周数

2. 在 MonthCalendar 控件中显示多个月份

MonthCalendar 控件最多可同时显示 12 个月。默认情况下，控件只显示 1 个月，但可以通过设置 CalendarDimensions 属性指定显示多少个月以及它们在控件中的排列方式。当更改月历尺寸时，控件的大小也会随之改变，因此应确保窗体上有足够的空间供新尺寸使用。

【例 3.33】创建一个 Windows 应用程序，设置控件的 CalendarDimensions 属性，使控件在水平和垂直方向都显示 2 个月份。

代码如下：

```
private void Form1_Load(object sender, EventArgs e)
{
    monthCalendar1.CalendarDimensions = new Size(2, 2);
}
```

程序运行结果如图 3.40 所示。

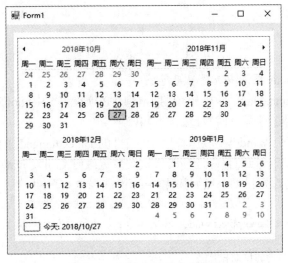

图 3.40　控件中显示多个月份

说明：CalendarDimensions 属性一次只显示一个日历年，并且最多可显示 12 个月。行和列的有效组合得到的最大乘积为 12。对于大于 12 的值，将在最适合的基础上修改显示。

3. 在 MonthCalendar 控件中以粗体显示特定日期

MonthCalendar 控件能以粗体显示特殊的日期或重复出现的日子，这样做可以引起对特殊日期的注意。可以使用 AddBoldedDate 方法在月历中添加以粗体显示的日期，并调用 UpdateBoldedDates 方法重绘粗体格式的日期，以反映在粗体格式日期的列表中设置的日期。

【例 3.34】创建一个 Windows 应用程序，首先创建一个 DateTime 对象，在这个对象中指定需要以粗体显示的日期；然后使用 AddBoldedDate 方法在月历中添加需要以粗体显示的日期，最后调用 UpdateBoldedDates 方法重绘粗体格式的日期。

代码如下：

```
private void Form1_Load(object sender, EventArgs e)
{
    //实例化 DateTime 类，使其值为 2018 年 10 月 27 日
    DateTime myVacation1 = new DateTime(2018, 10, 27);
    //使用 AddBoldedDate 方法在月历中将 2018 年 10 月 27 日以粗体显示
    monthCalendar1.AddBoldedDate(myVacation1);
    //调用 UpdateBoldedDates 方法重回粗体格式的日期
    monthCalendar1.UpdateBoldedDates();
}
```

程序运行结果如图 3.41 所示。

图 3.41　粗体显示特定日期

4. 在 MonthCalendar 控件中选择日期范围

如果要在 MonthCalendar 控件中选择日期范围，必须设置 SelectionStart 和 SelectionEnd 属性。这两个属性分别用于设置日期的起始和结束。

【例 3.35】创建一个 Windows 应用程序，在控件的 DateChanged 事件中获取 SelectionStart 和 SelectionEnd 属性的值，当控件中选择的日期发生更改时会引发 DateChanged 事件。运行程序，选择某个日期作为起始日期，然后按住 Shift 键选择结束日期。

代码如下：

```
private void Form1_Load(object sender, EventArgs e)
{
    //获取控件当前的日期和时间
    textBox1.Text = monthCalendar1.TodayDate.ToString();
}

private void monthCalendar1_DateChanged(object sender, DateRangeEventArgs e)
{
    //通过 SelectionStart 属性获取用户选择的开始日期
```

```
        textBox2.Text = monthCalendar1.SelectionStart.ToString();
        //通过 SelectionEnd 属性获取用户选择的结束日期
        textBox3.Text = monthCalendar1.SelectionEnd.ToString();
}
```
程序运行结果如图 3.42 所示。

图 3.42　显示控件中日期选择的范围

3.11　NumericUpDown 控件

NumericUpDown 控件是一个显示和输入数值的控件。该控件提供一对上下箭头，用户可以单击上下箭头选择数值，也可以直接输入。

通过该控件的 Maximum 属性可以设置数值的最大值。如果输入的数值大于这个属性的值，则自动把数值改为设置的最大值。通过该控件的 Minimum 属性可以设置数值的最小值。如果输入的数值小于这个属性的值，则自动把数值改为设置的最小值。如图 3.43 所示为 NumericUpDown 控件。

1．获取 NumericUpDown 控件中显示的数值

通过控件的 Value 属性可以获取 NumericUpDown 控件中显示的数值。

语法如下：

```
        public decimal Value { get; set;}
```

属性值：NumericUpDown 控件的数值。

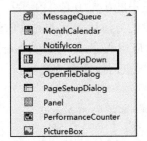

图 3.43　NumericUpDown 控件

【例 3.36】创建一个 Windows 应用程序，向窗体中添加一个 NumericUpDown 控件和一个 Label 控件，在窗体的 Load 事件中，设置控件的 Maximum 属性为 20，Minimum 属性为 1。当控件的值发生改变时，通过 Label 控件显示更改后的控件中的数值。

代码如下：
```
private void Form1_Load(object sender, EventArgs e)
{
    numericUpDown1.Maximum = 20;
    numericUpDown1.Minimum = 1;
}
private void numericUpDown1_ValueChanged(object sender, EventArgs e)
{
    label2.Text = numericUpDown1.Value.ToString();
}
```
程序运行结果如图 3.44 所示。

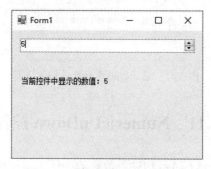

图 3.44　获取控件中显示的数值

说明：当 UserEdit 属性（指示用户是否已输入值）设置为 true 时，在验证或更新该值之前将调用 ParseEditText 方法（将数字显示框中显示的文本转换为数值）。然后，验证该值是否在 Minimum（最小值）和 Maximum（最大值）两个值之间，并调用 UpdateEditText 方法（以适当的格式显示数字显示框中的当前值）。

2. 设置 NumericUpDown 控件中数值的显示方式

NumericUpDown 控件的 DecimalPlaces 属性用于确定在小数点后显示的位数，默认值为 0。ThousandsSeparator 属性用于确定是否每隔 3 个十进制数字位就插入一个分隔符，默认情况下为 false。如果将 Hexadecimal 属性设置为 true，则该控件可以用十六进制（而不是十进制格式）显示值，默认情况下设置为 false。

说明：DecimalPlaces 属性的值不能小于 0 或大于 99，否则会出现 ArgumentOutOfRangeException 异常（当参数值超出调用的方法所定义的允许取值范围时引发的异常）。

【例 3.37】创建一个 Windows 应用程序，通过设置 NumericUpDown 控件的 DecimalPlaces 属性为 2，可以使控件中数值的小数点后显示两位数。

代码如下：
```
private void Form1_Load(object sender, EventArgs e)
{
    numericUpDown1.Maximum = 20;
```

```
        numericUpDown1.Minimum = 1;
        //设置控件中的 DecimalPlaces 属性，使控件中的数值的小数点后显示两位数
        numericUpDown1.DecimalPlaces = 2;
    }
```
程序运行结果如图 3.45 所示。

图 3.45　数值显示方式

3.12　Timer 控件

Timer 控件可以定期引发事件，该控件是为 Windows 窗体环境设计的。时间间隔的长度由 Interval 属性定义，其值以毫秒为单位。若启用了该控件，则每个时间间隔引发一个 Tick 事件，在该事件中添加要执行的代码。如图 3.46 所示为 Timer 控件。

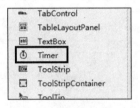

图 3.46　Timer 控件

Interval 属性用于设置计时器开始计时的时间间隔。

语法如下：

  public int Interval{get; set;}

属性值：计时器每次开始计时之前的毫秒数，该值不小于 1。

当指定的计时器间隔已过去，且计时器处于启用状态时会引发控件的 Tick 事件。Enabled 属性用于设置是否启用计时器。

语法如下：

  public virtual bool Enalbed{get; set}

属性值：如果计时器当前处于启用状态，则为 true；否则为 false。默认为 false。

【例 3.38】创建一个 Windows 应用程序，窗体加载时，设置 Timer 控件的 Interval 属性为 1000 毫秒（1 秒），使计时器的时间间隔为 1 秒。然后在 Timer 控件的 Tick 事件中，使文本框中显示当前的系统时间。在按钮的 Click 事件中设置 Enabled 属性，以启用或停止计时器。

代码如下：

```
        private void Form1_Load(object sender, EventArgs e)
        {
            timer1.Interval = 1000;
        }
```

```csharp
private void timer1_Tick(object sender, EventArgs e)
{
    textBox1.Text = DateTime.Now.ToString();
}
private void button1_Click(object sender, EventArgs e)
{
    if(button1.Text == "开始")
    {
        timer1.Enabled = true;
        button1.Text = "停止";
    }
    else
    {
        timer1.Enabled = false;
        button1.Text = "开始";
    }
}
```

程序运行结果如图 3.47 所示。

图 3.47　定时器 Timer

说明：在启动和停止计时器时，也可以用 Start 和 Stop 方法来实现。

3.13　DateTimerPicker 控件

DateTimePicker（日期）控件用于选择日期和时间，但只能选择一个时间，而不是连续的时间段，也可以直接输入日期和时间。如图 3.48 所示为 DateTimePicker 控件。

图 3.48　DateTimePicker 控件

1. 使用 DateTimePicker 控件显示时间

通过将控件的 Format 属性设置为 Time，实现控件只显示时间。Format 属性用于获取或设置控件中显示的日期和时间格式。

语法如下：

    public DateTimePickerFormat Format { get; set;}

属性值：DateTimePickerFormat 值之一，默认为 Long。

DateTimePickerFormat 枚举的值及说明如表 3-4 所示。

表 3-4　DateTimePickerFormat 枚举的值及说明

枚举值	说明
Custom	DateTimePicker 控件以自定义格式显示日期/时间值
Long	DateTimePicker 控件以用户操作系统设置的长日期格式显示日期/时间值
Short	DateTimePicker 控件以用户操作系统设置的短日期格式显示日期/时间值
Time	DateTimePicker 控件以用户操作系统设置的时间格式显示日期/时间值

【例 3.39】创建一个 Windows 应用程序，首先将控件的 Format 属性设置为 Time，实现控件只显示时间；然后获取控件中显示的数据，并显示到 TextBox 控件中。

代码如下：

```
private void Form1_Load(object sender, EventArgs e)
{
    //设置 dateTimePicker1 的 Format 属性为 Time，使其只显示时间
    dateTimePicker1.Format = DateTimePickerFormat.Time;
    textBox1.Text = dateTimePicker1.Text;
}
```

程序运行结果如图 3.49 所示。

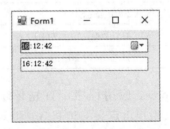

图 3.49　控件只显示时间

说明：如果想要在该控件内用按钮调整时间值，则需要将 ShowUpDown 属性设置为 true。

2. 使用 DateTimePicker 控件以自定义格式显示日期

通过 DateTimePicker 控件的 CustomFormat 属性可以自定义日期/时间格式字符串。

语法如下：

    public string CustomFormat {get; set;}

属性值：表示自定义日期/时间格式的字符串。

注意：Format 属性必须设置为 DateTimePickerFormat.Custom 才能影响显示的日期和时间的格式设置。

通过组合格式字符串可以设置日期和时间格式，所有的有效格式字符串及其说明如表 3-5 所示。

表 3-5　有效格式字符串及说明

格式字符串	说明
d	一位数或两位数的天数
dd	两位数的天数，一位数天数的前面加一个 0
ddd	3 个字符的星期几缩写
dddd	完整的星期几名称
h	12 小时格式的一位数或两位数小时数
hh	12 小时格式的两位数小时数，一位数数值前面加一个 0
H	24 小时格式的一位数或两位数小时数
HH	24 小时格式的两位数小时数，一位数数值前面加一个 0
m	一位数或两位数分钟值
mm	两位数分钟值，一位数数值前面加一个 0
M	一位数或两位数月份值
MM	两位数月份值，一位数数值前面加一个 0
MMM	3 个字符的月份缩写
MMMM	完整的月份名称
s	一位数或两位数描述
ss	两位数描述值，一位数数值前面加一个 0
t	单字母 A.M./P.M 缩写（A.M 将显示为 A）
tt	两字母 A.M./P.M 缩写（A.M 将显示为 AM）
y	一位数的年份（2001 显示为 1）
yy	年份的最后两位数（2001 显示为 01）
yyyy	完整的年份（2001 显示为 2001）

【例 3.40】创建一个 Windows 应用程序，首先必须将控件的 Format 属性设置为 DateTimePickerFormat.Custom，使用户自定义的时间格式生效；然后将控件的 CustomFormat 属性设置为自定义的格式。

代码如下：

```
private void Form1_Load(object sender, EventArgs e)
{
    //设置 dateTimePicker1 的 Format 属性为 Custom，使其用户自定义的时间格式生效
    dateTimePicker1.Format = DateTimePickerFormat.Custom;
    //通过控件的 CustomFormat 属性设置自定义的格式
    dateTimePicker1.CustomFormat = "MMMM dd, yyyy - dddd";
    label1.Text = dateTimePicker1.Text;
}
```

程序运行结果如图 3.50 所示。

图 3.50　自定义时间格式

3. 返回 DateTimePicker 控件中选择的日期

调用控件的 Text 属性以返回与控件中的格式相同的完整值，或调用 Value 属性的适当方法来返回部分值，这些方法包括 Year、Month 和 Day 方法等。使用 ToString 将信息转换成可显示给用户的字符串。

【例 3.41】创建一个 Windows 应用程序，首先使用控件的 Text 属性获取当前控件选择的日期，然后使用 Value 属性的 Year、Month 和 Day 方法获取选择日期的年、月和日。

代码如下：

```
private void Form1_Load(object sender, EventArgs e)
{
    //使用控件的 Text 属性获取当前控件选择的日期
    textBox1.Text = dateTimePicker1.Text;
    //使用 Value 属性的 Year 方法获取选择日期的年
    textBox2.Text = dateTimePicker1.Value.Year.ToString();
    //使用 Value 属性的 Month 方法获取选择日期的月
    textBox3.Text = dateTimePicker1.Value.Month.ToString();
    //使用 Value 属性的 Day 方法获取选择日期的日
    textBox4.Text = dateTimePicker1.Value.Day.ToString();
}
```

程序运行结果如图 3.51 所示。

图 3.51　获取控件中选择的日期

说明：如果想要直接获取当前系统的日期和时间，可以使用 Value 属性下的 ToShortDateString 和 ToShortTimeString 方法。

3.14 ProgressBar 控件

ProgressBar 控件通过水平放置的方框中显示适当数目的矩形指示工作的进度。工作完成时，进度条被填满。进度条用于帮助用户了解等待一项工作完成的进度。如图 3.52 所示为 ProgressBar 控件。

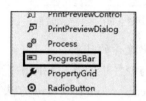

图 3.52 ProgressBar 控件

ProgressBar 控件比较重要的属性有 Value、Minimum 和 Maximum。Minimum 和 Maximum 属性主要用于设置进度条的最小值和最大值，Value 属性表示操作过程中已完成的进度。而控件的 Step 属性用于指定 Value 属性递增的值，然后调用 PerformStep 方法来递增该值。

注意：ProgressBar 控件只能以水平方向显示，如果想改变该控件的显示样式，可以用 ProgressBarRenderer 类来实现，如纵向进度条或在进度条上显示文本。

【例 3.42】 创建一个 Windows 应用程序，首先设置控件的 Minimum 和 Maximum 属性分别为 0 和 100，确定进度条的最小值和最大值；然后设置 Step 属性，使 Value 属性递增值为 5。最后在 for 语句中调用 PerformStep 方法递增该值，使进度条不断前进，直至 for 语句中设置为最大值为止。

代码如下：

```
private void Form1_Load(object sender, EventArgs e)
{
    progressBar1.Minimum = 0;
    progressBar1.Maximum = 100;
    progressBar1.Step = 5;
    progressBar1.Value = 0;
}
private void button1_Click(object sender, EventArgs e)
{
    if(button1.Enabled == true)
    {
        button1.Enabled = false;
        progressBar1.Value = 0;
        for(int i = 0; i < ((progressBar1.Maximum -progressBar1.Minimum)/progressBar1.Step) ; i++)
        {
            //当前线程暂停 1 秒
            System.Threading.Thread.Sleep(1000);
            progressBar1.PerformStep();
```

            }
            button1.Enabled = true;
        }
    }
程序运行结果如图 3.53 所示

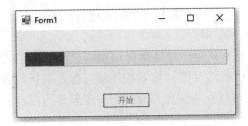

图 3.53 显示进度条

3.15 习题

1. 如何在 RadioButton 单选按钮组中只可选择一个按钮？
2. 设计一个 ToolBar 工具条，加载 ImageList 控件中的图片信息。
3. StatusStrip 控件的主要作用是什么？可以加载其他哪些控件？
4. 通过 Timer 控件控制一张图片自上而下地循环运动，编写出相关代码。
5. 定义用户自定义控件对于项目开发的实际意义是什么？

第 4 章 高级界面设计

4.1 容器介绍

容器（Panel）控件用于为其他控件提供可识别的分组，可以使窗体的分类更加详细，便于用户理解。Panel 控件可以有滚动条。容器控件就好像是商场的各个楼层，每一层都摆放着不同类型的商品，当然，也可以在各层中继续划分，也就是可以在容器控件中嵌套放置多个容器控件。

使用 Panel 控件的 Show 方法可以显示控件。

语法如下：

Public void Show()

【例 4.1】创建一个 Windows 应用程序，如果文本框中输入的文本是"小顺"，则调用 Show 方法显示 Panel 控件。Panel 控件中有一个 RichTextBox 控件，用于显示"小顺"的相关信息。

代码如下：

```
private void Form1_Load(object sender, EventArgs e)
{
    panel1.Visible = false;
    richTextBox1.Text = "姓名：小顺\n 性别：女\n 年龄：26\n 民族：汉\n 职业：学生\n";
}
private void button1_Click(object sender, EventArgs e)
{
    if (textBox1.Text == "")
    {
        MessageBox.Show("请输入姓名");
        textBox1.Focus();
    }
    else
    {
        if (textBox1.Text.Trim() == "小顺")
        {
            panel1.Show();
        }
        else
        {
            MessageBox.Show("查无此人");
            textBox1.Text = "";
        }
    }
}
```

程序运行结果如图 4.1 所示。

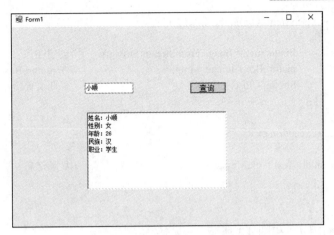

图 4.1　Panel 控件运行结果

4.2　对话框设计

对话框也是一种窗体，通常调用对话框相关类型的 ShowDialog 方法来弹出对话框，当用户关闭对话框后，该方法会返回一个 DialogResult 枚举值，通过该值就可以判断用户采取了什么操作，例如单击确认按钮后，对话框关闭，ShowDialog 方法返回 DialogResult.ok，根据返回值就能知道确认了操作。

FileDialog 类提供了选择文件对话框的基本结构，它是一个抽象类，并派生出两个子类：OpenFileDialog 和 SaveFileDialog。

OpenFileDialog 用于打开文件，SaveFileDialog 用于保存文件。打开文件对话框应该选择已存在的文件，所以通过 CheckFileExists 属性控制是否检查文件的存在性，默认为 True，因为打开不存在的文件没有意义。使用 SaveFileDialog 来选择新文件的文件名，有时候会遇到保存的文件已经存在的情况，所以 OverwritePrompt 属性应该为 True，当保存的文件存在的情况下提示用户是否要覆盖现有文件。

在选择完成后单击"确认"按钮关闭对话框，可以从 FileName 属性获得文件名，该属性是返回文件的全部路径。对于 OpenFileDialog 来说，Multiselect 属性为 True，支持选择多个文件，可以从 FileNames 属性中得到一个 string 数组，代表用户已经选择的文件列表。

【例 4.2】OpenFileDialog 和 SaveFileDialog 对话框的使用。创建应用控制台程序，再打开按钮 Click 事件添加，然后加载图片、显示图片路径并保存图片。

代码如下：

```
    private void button1_Click(object sender, EventArgs e)
    {
        if (openFileDialog1.ShowDialog() == System.Windows.Forms.DialogResult.OK)
        {
            label1.Text = "路径：" + openFileDialog1.FileName;        //显示文件名
            try
            {                                                         //加载图片
                using (System.IO.FileStream Stream = System.IO.File.Open(openFileDialog1.
                    FileName,System.IO.FileMode.Open,System.IO.FileAccess.Read,
```

```
                    System.IO.FileShare.Read))
                {
                    Image img = Image.FromStream(Stream);      //创建图像
                    pictureBox1.Image = img;                    //在 pictureBox 中显示图像
                    Stream.Close();                             //关闭文件流，释放资源
                }
            }
            catch (Exception ex)
            {
                label1.Text = ex.Message;                       //显示信息
            }
        }
    }
```

程序运行结果如图 4.2 和图 4.3 所示。

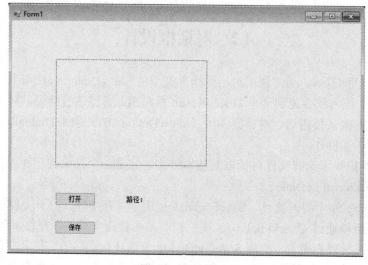

图 4.2　加载图片

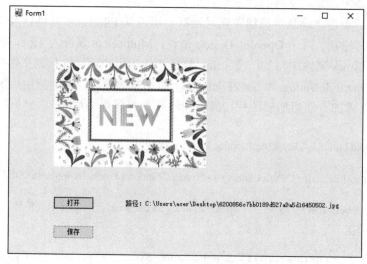

图 4.3　显示图片

4.3 界面布局

4.3.1 Dock&Anchor

Dock 和 Anchor 是水火不容的,同时给控件设置 Dock 和 Anchor 属性,后面设置的会覆盖前面的设置。

Dock 是停靠的意思,Dock 属性的类型是 DockStyle 枚举。

```
Public enum DockStyle
{
    None=0,
    Top=1,
    Bottom=2,
    Left=3,
    Right=4,
    Fill=5
}
```

默认是 None,当为 Left 时,就表示子控件停靠在父控件的左边区域,并把左边区域填充满,结果如图 4.4 所示。

图 4.4 Dock 为 Left 时的效果图

图 4.4 中的 Panel 总是会停靠在 Form 的左边区域,不管如何调整 Form 的高度,它总是能把左边区域填满。Dock 麻烦的地方在于多个控件碰到一起时,比如有两个 Panel 都设置为 Left 该怎么办?我们会发现向父控件的 Controls 集合中添加子控件,越晚添加越具有更高的"优先级",这里的优先级指的是子控件"优先级",只要靠近父控件边缘,其他子控件就得避让。

Anchor 是锚的意思,给控件设置 Anchor 的时候,就相当于用一个铁钉将控件的边缘给钉住,其属性的类型是 AnchorStyles 位标记,可以设置多个值的枚举。

```
Public enum AnchorStyles
{
    None=0,
    Top=1,
```

```
        Bottom=2,
        Left=3,
        Right=4
}
```

Anchor 的默认值是 Anchor.Left|Anchor.Top，也就是子控件与父控件的左边缘和上边缘的相对位置不会变化，这也保证了在窗体最大化后子控件的位置不会发生变化。

窗体默认显示时如图 4.5 所示。

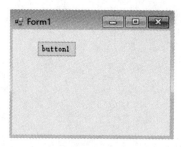

图 4.5　窗体默认情况下

窗体变大后，还是悬停在左上角不会发生什么变化，如图 4.6 所示。

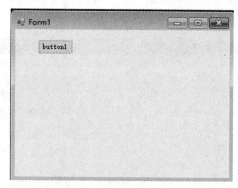

图 4.6　窗体变大情况下

当 Anchor 设置为 Left|Right 的时候，为了确保父控件（在这里就是 Form）变大时，控件的边缘与父控件距离不变，子控件会自动地扩大，如图 4.7 所示。

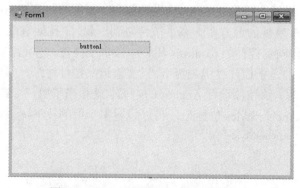

图 4.7　Anchor 设置为 Left|Right 情况下

4.3.2 Padding&Margin

Padding 指的是控件内部空间，Margin 指的是控件之外的空间。Padding 和 Margin 都可以指定四个值，如图 4.8 所示。

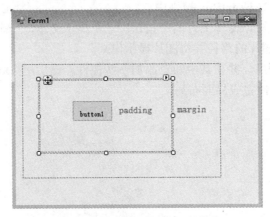

图 4.8　Padding 和 Margin 的指定

Margin 是用来隔开元素与元素的间距，Padding 是用来隔开元素与内容的间隔。Margin 用于布局分开元素使元素与元素互不相干；Padding 用于元素与内容之间的间隔，让内容（文字）与（包裹）元素之间有一段"呼吸距离"。

4.3.3 AutoSize

AutoSize 属性为指定控件是否自动调整自身的大小以适应其内容的大小。它有两个值，一个是 True，另一个是 False。

有的时候我们需要控件随着里面的内容的增长而增长，比如我们在做多语言的程序时，各国的语言在描述同一个意思时的长度会不同，这个时候就需要 AutoSize，这样当文字过长时不会被截断。

4.4　第三方组件库

DevExpress（Developer Express）是全球使用最多的.NET 用户界面控件套包，广泛应用于 ECM 企业内容管理、成本管控、进程监督、生产调度，在企业/政务信息化管理中占据一席之地。

DevExpress 的优点如下：

（1）功能全面：涵盖.NET 所有平台开发，如 WinForms、ASP.NET、MVC、WPF、Windows 10 和 Web 界面开发。

（2）界面美观：图形化界面风格美观大气，可轻松实现 Office、企业级报表、图表、数据编辑器等常见界面样式。

（3）易于上手：示例教程等资源丰富，慧都学院更为企业客户提供产品培训和技术支持，缩短学习周期。

4.5 习题

1. 创建窗体应用程序，利用 Panel 控件，通过输入文本框中的内容查询此内容的相关信息，并将其内容显示在 RichTextBox 控件中。

2. 创建窗体应用程序，窗体上有两个按钮：一个显示文本，一个显示图片。单击按钮，可以加载当前所要显示图片的路径并将图片显示出来。

3. 创建窗体应用程序，并在其中随意添加一些控件，然后用 Dock、Anchor、Padding、Margin 和 AutoSize 等属性完成界面布局。

第 5 章　SQLite 数据库

本章将对 SQLite 数据库进行介绍，其中包括 SQLite 数据库的简介、开发工具、SQL 语法以及与 C#编程语言的交互。阅读本章前需要读者对数据库有简单了解，了解什么是数据库，数据库的作用等简单概念。

5.1　SQLite 简介

SQLite，是一款轻型的数据库，是遵守 ACID，即原子性（Atomicity）、一致性（Consistency）、隔离性（Isolation）和持久性（Durability）的关系型数据库管理系统，它包含在一个相对小的数据库中。它的设计目标是嵌入式的，而且目前已经在很多嵌入式产品中使用。它所占用的内存资源非常小，在嵌入式设备中，可能只需要几百 K 的内存就够了。它能够支持 Windows、Linux、UNIX 等主流的操作系统，同时能够跟很多程序语言相结合，比如 Tcl、C#、PHP、Java 等，还有 ODBC 接口，同样比起 MySQL、PostgreSQL 这两款开源的世界著名数据库管理系统来讲，它的处理速度更快。SQLite 第一个 Alpha 版本诞生于 2000 年 5 月，至 2015 年已经有 15 个年头，SQLite 也迎来了一个新版本——SQLite 3。

本章将对 SQLite 数据库进行介绍，例如 SQLite 数据库的开发工具 SQLiteStudio、SQLite 的 SQL 语法以及 C#编程语言与 SQLite 数据库的交互。

5.2　SQLite 开发工具

SQLite 数据库有很多开发工具，例如 SQLite Studio、Navicat for SQLite 等，可以帮助开发人员直观简洁地查看、设计和使用数据，而不需要使用数据库的 shell 来进行库管理，这为开发人员带来极大的便利。本节介绍如何使用 SQLite Studio 这个数据库开发工具，使读者了解如何使用 SQLite Studio 对数据库进行管理。SQLite Studio 的界面如图 5.1 所示。

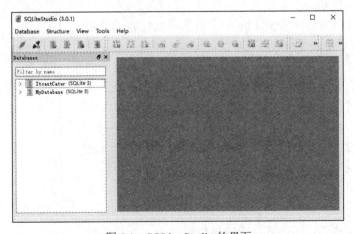

图 5.1　SQLite Studio 的界面

图 5.1 所示界面就是 SQLite Studio 的客户端界面，它几乎包含了 SQLite Studio 的所有功能。下面将对它的基本操作进行介绍。

1. 创建数据库

单击 Database→Add a database 命令（如图 5.2 所示），弹出创建数据库对话框，如图 5.3 所示。

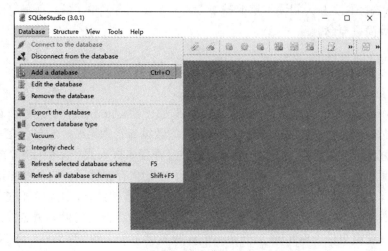

图 5.2 创建数据库 1

图 5.3 创建数据库 2

选择文件路径，可单击 File 文本框右侧的按钮进行选择，也可以手动填写文件路径，保存文件时需要重命名数据库。下方的 Name 项会自动填写。在 SQLite 中，数据库文件就是物理文件。同时，也可以单击 Test database connection 测试当前要创建的数据库是否能够成功连接。单击 OK 按钮后完成数据库创建，在界面左侧会显示出刚才创建的数据库，如图 5.4 所示。同时，也可以在工具栏中使用快捷按钮对数据库进行管理，如图 5.5 所示，常用功能都可以在工具栏中找到相应按钮，例如，从左至右依次为"连接数据库""断开连接""创建数据库""修改数据库""删除数据库""刷新数据库""创建表""修改表"和"删除表"等按钮。

图 5.4 创建数据库 3

2. 创建表

数据库创建完毕后，还需要创建存储数据的表。在目标数据库上右击并选择 Create a table 选项（如图 5.6 所示），会出现设计表的窗口，如图 5.7 所示。

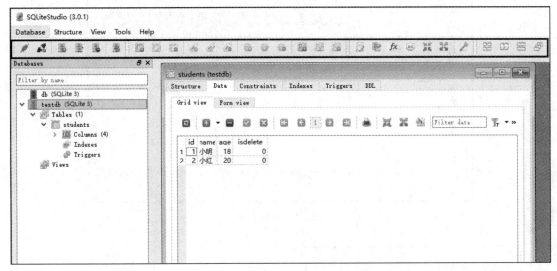

图 5.5　工具栏

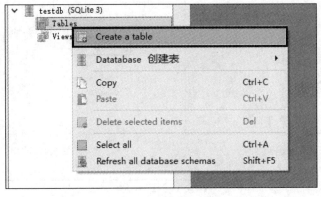

图 5.6　创建表 1

在 Table name 文本框中命名数据表。以创建一个学生信息表为例，命名为 students。接下来为表添加列。单击"创建数据列"按钮，会弹出列的设计对话框，在列对话框中填写列名称，选择数据类型，设置大小以及一些其他设置。

例如，创建 id 列一般情况下我们都会将 id 作为数据条目的唯一标识，这个 id 由数据库自动维护而不是我们手动维护，此时就要将这个 id 列设置为 Primary key（主键），如图 5.8 所示。值得注意的是，主键需要使用 INTEGER 数据类型才可以实现自增长，如图 5.9 所示。

类似地，可以创建其他列：name、isdelete（逻辑删除标识，建议删除数据时不要进行物理删除而是进行逻辑删除，避免重要数据丢失）、age。在创建列的时候还可以对列属性进行一些约束，例如上面提到的主键，还有外键、唯一、非空、默认值等。创建 name、isdelete、age 列如图 5.10 所示。

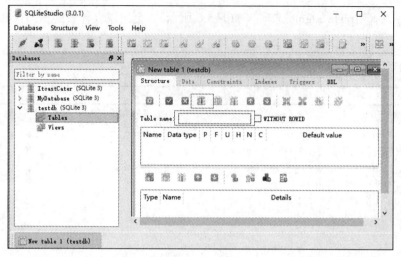

图 5.7 创建表 2

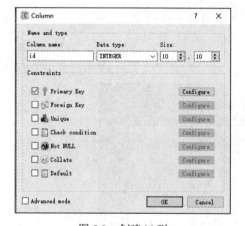

图 5.8 创建 id 列

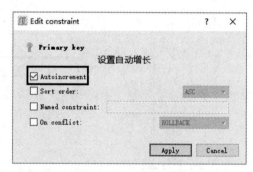

图 5.9 id 自增长

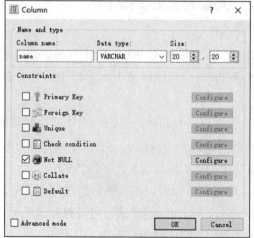 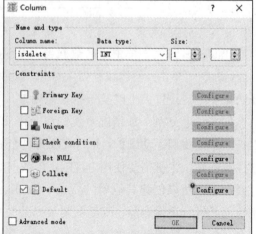

图 5.10 创建三个列

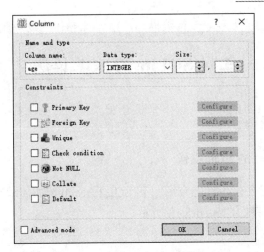

图 5.10 创建三个列（续图）

创建完成后，单击 ✓ 按钮保存表。至此，一个数据表就创建成功了。

当然，开发者也可以使用 DDL 语言进行数据表的创建。这部分内容，有兴趣的读者可以另做研究。

3. 添加数据

数据表创建完成后，可以向表中添加数据。如图 5.11 所示，单击 Data 选项卡，再单击 ➕ 按钮即可添加数据，在下面的数据行中写入 name 和 age 的值，id 值不建议手动添加，数据库会自动维护 id 列；对于 isdelete 字段，默认值设置为 0，表示未删除，如果值为 1，则表示此行数据在数据库中逻辑删除。如图 5.12 所示为添加三条数据后的结果。

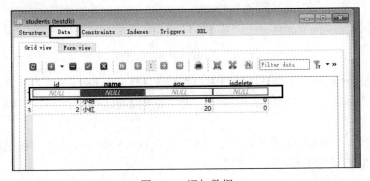

图 5.11 添加数据

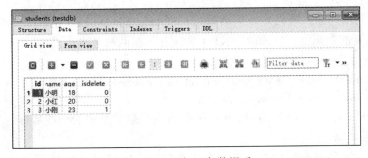

图 5.12 添加三条数据后

选中一行，单击 ■ 按钮可删除一行数据。注意，此操作为物理删除，操作不可逆。

5.3 SQLite 的 SQL 语法

数据库和数据表已经创建成功，接下来是开发人员的主要工作，对数据进行操作，即增删改查操作。

5.3.1 SQLite Studio 的 SQL 操作

在讲解对数据的操作之前，首先介绍一下 SQLite Studio 如何编写 SQL 语句。打开 SQL editor，即 SQL 脚本编写界面，如图 5.13 所示。

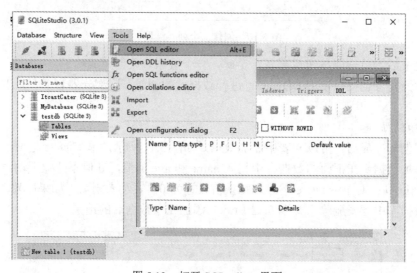

图 5.13 打开 SQL editor 界面

可以选择在 Tools 中打开，也可以使用快捷按钮打开。在 Query 文本框中输入 select * from students，随后单击对话框上侧的三角按钮，表示执行 SQL，执行结果会显示在下面的 Grid view 中。

值得一提的是，SQLite 是不区分大小写的，但也有一些命令是大小写敏感的，比如 GLOB 和 glob 在 SQLite 的语句中有不同的含义。

5.3.2 INSERT 语句

INSERT 语句用作插入数据，即新增数据。SQLite 的 INSERT INTO 语句用于向数据库的某个表中添加新的数据行。INSERT INTO 语句有下面两种基本语法。

1. 插入单条数据

    INSERT INTO TABLE_NAME [(column1, column2, column3,...columnN)]
    VALUES (value1, value2, value3,...valueN);

在这里，column1, column2,...,columnN 是要插入数据的表中的列的名称。

2. 插入多条数据

如果要为表中的所有列添加值，可以不需要在 SQLite 查询中指定列名称。但要确保值的顺序与列在表中的顺序一致。

语法如下：

INSERT INTO TABLE_NAME VALUES
(value1,value2,value3,...valueN),(value1,value2,value3,...valueN)...;

【例 5.1】向 students 表中添加三条记录。

第一种方法：插入单条数据。

打开 SQLite Studio 的 SQL editor 界面，输入如下 SQL 语句：

insert into students(name,age,isdelete) values('小李',20,0)

之后单击"执行"按钮，就可以插入一条姓名为小李、年龄为 20 的数据。

在客户端下方的 Status 栏中会显示当前操作的执行结果，是否成功和错误信息都会显示在这里。

第二种方法：插入多条数据。

输入如下 SQL 语句：

insert into students values
(null,'小王',20,0),
(null,'小赵',20,0)

执行后，数据表中就插入了小王和小赵两条数据。在添加数据时，第一个值对应 id 列，使用 null 进行占位，数据库会自动维护 id 列。这里不建议手动填写 id 列的值，以免发生 id 重复而导致 SQL 执行失败。

执行完成后，刷新数据表的 Grid view 或者进行简单查询操作，得到图 5.14 所示的结果。

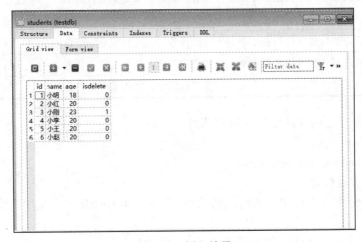

图 5.14　插入结果

5.3.3　运算符和 WHERE 子句

开发中常常会使用比较运算符和逻辑运算符来对查询结果进行筛选，用来找到满足条件的数据。例如找到姓名为小王的学生信息。为满足筛选的需要，定义了运算符和 WHERE 子句。下面，先对运算符和 WHERE 子句进行介绍。

1. WHERE 子句

SQLite 的 WHERE 子句用于指定从一个表或多个表中获取数据的条件。如果满足给定的条件，即为真（true）时，则从表中返回特定的值。可以使用 WHERE 子句来过滤记录，只获取需要的记录。WHERE 子句不仅可用在 SELECT 语句中，也可用在 UPDATE、DELETE 语句中，这些我们将在随后的章节中学习到。

语法如下：

SELECT column1, column2, columnN
FROM table_name
WHERE [condition]

WHERE 后面的是需要的过滤条件，使用方法会结合后面的运算符进行介绍。

2. 运算符

常用运算符为比较运算符和逻辑运算符。

（1）比较运算符。假设变量 a=10，变量 b=20，则比较结果如表 5-1 所示。

表 5-1 比较运算符

运算符	描述	实例
==	检查两个操作数的值是否相等，如果相等则条件为真	(a == b) 不为真
=	检查两个操作数的值是否相等，如果相等则条件为真	(a = b) 不为真
!=	检查两个操作数的值是否相等，如果不相等则条件为真	(a != b) 为真
<>	检查两个操作数的值是否相等，如果不相等则条件为真	(a <> b) 为真
>	检查左操作数的值是否大于右操作数的值，如果是则条件为真	(a > b) 不为真
<	检查左操作数的值是否小于右操作数的值，如果是则条件为真	(a < b) 为真
>=	检查左操作数的值是否大于等于右操作数的值，如果是则条件为真	(a >= b) 不为真
<=	检查左操作数的值是否小于等于右操作数的值，如果是则条件为真	(a <= b) 为真
!<	检查左操作数的值是否不小于右操作数的值，如果是则条件为真	(a !< b) 为假
!>	检查左操作数的值是否不大于右操作数的值，如果是则条件为真	(a !> b) 为真

【例 5.2】查询 id 为 4 的学生的所有信息。

SQL 语句为：

select * from students where id=4;

执行结果读者自行查看。

在这里，我们使用 WHERE 子句，读者需要明白，WHERE 子句是用来设置 SELECT 语句的条件语句。

【例 5.3】查询姓名为小李的学生信息。

SQL 语句为：

select * from students where name='小李';

（2）逻辑运算符。

SQLite 中所有的逻辑运算符如表 5-2 所示。

【例 5.4】查询 id 为 4 或 5 的学生信息。

select * from students where id=4 or id=5;

【例 5.5】查询 id 为 1，2，3 且未被删除的学生信息。

select * from students where id in (1,2,3) and isdelete!=1;

【例 5.6】查询 id 大于等于 2 且小于 5 中未被删除的学生信息。
```
select * from students where id>=2 and id<5 and isdelete=0;
```

表 5-2　逻辑运算符

运算符	描述
AND	允许在一个 SQL 语句的 WHERE 子句中多个条件的存在
BETWEEN	用于在给定最小值和最大值范围内的一系列值中搜索值
EXISTS	用于在满足一定条件的指定表中搜索行的存在
IN	用于把某个值与一系列指定列表的值进行比较
NOT IN	IN 运算符的对立面，用于把某个值与不在一系列指定列表的值进行比较
LIKE	用于把某个值与使用通配符运算符的相似值进行比较
GLOB	用于把某个值与使用通配符运算符的相似值进行比较。GLOB 与 LIKE 不同之处在于，它是大小写敏感的
NOT	NOT 运算符是所用的逻辑运算符的对立面。比如 NOT EXISTS、NOT BETWEEN、NOT IN 等，它是否定运算符
OR	用于结合一个 SQL 语句的 WHERE 子句中的多个条件
NULL	用于把某个值与 NULL 值进行比较
IS	IS 运算符与 = 相似
IS NOT	IS NOT 运算符与 != 相似
||	连接两个不同的字符串，得到一个新的字符串
UNIQUE	搜索指定表中的每一行，确保唯一性（无重复）

通过上述示例读者可以看到，可以通过比较运算符和逻辑运算符的组合来筛选所需要的数据。实际开发中也是如此，常常用这类运算符来进行筛选数据。

5.3.4　SELECT 语句

SQLite 的 SELECT 语句用于从 SQLite 数据库表中获取数据，以结果表的形式返回数据。这些结果表也被称为结果集。

SQLite 的 SELECT 语句的基本语法如下：
```
SELECT column1, column2,..., columnN FROM table_name;
```
在这里 column1,column2...是表的字段，它们的值即是要获取的值。如果想获取所有可用的字段，那么可以使用下面的语法：
```
SELECT * FROM table_name;
```

【例 5.7】查询学生表的所有未删除信息。
```
select * from students where isdelete=0;
```
【例 5.8】查询未删除学生的姓名和年龄。
```
select name,age from students where isdelete=0;
```

5.3.5　UPDATE 语句

SQLite 的 UPDATE 查询用于修改表中已有的记录。可以使用带有 WHERE 子句的 UPDATE 查询来更新选定行，否则所有的行都会被更新。语法如下：

```
UPDATE table_name
SET column1 = value1, column2 = value2,…, columnN = valueN
WHERE [condition];
```

和查询语句相同,可以使用 AND 或 OR 运算符来结合多个查询条件。

【例 5.9】 将 id 为 5 的学生姓名修改为张三,年龄修改为 33。

```
update students set name='张三',age=33 where id=5;
```

说明:逻辑删除实质上就是使用 UPDATE 语句对 isdelete 字段进行更改。

【例 5.10】 对 id 为 5 的学生进行逻辑删除,并查询所有未删除的学生信息。

```
update students set isdelete=1 where id=5;
select * from students where isdelete=0;
```

5.3.6 DELETE 语句

SQLite 的 DELETE 查询用于删除表中已有的记录。可以使用带有 WHERE 子句的 DELETE 查询来删除选定行,否则所有的记录都会被删除。语法如下:

```
DELETE FROM table_name
WHERE [condition];
```

可以使用 AND 或 OR 运算符来结合多个查询条件。

【例 5.11】 删除 id 为 5 的学生信息。

```
delete from students where id=5;
```

说明:在开发中,为了避免信息被误删和重要数据的丢失,常常采用逻辑删除的方式而不是真正的物理删除。

5.3.7 LIKE 子句

SQLite 的 LIKE 运算符是用来匹配通配符指定模式的文本值。如果搜索表达式与模式表达式匹配,LIKE 运算符将返回真(true),也就是 1。这里有两个通配符与 LIKE 运算符一起使用:百分号(%)和下划线(_)。

百分号(%)代表零个、一个或多个数字或字符,下划线(_)代表一个单一的数字或字符。这些符号可以被组合使用。语法如下:

```
SELECT column_list
FROM table_name
WHERE column LIKE 'XXXX%'
or
SELECT column_list
FROM table_name
WHERE column LIKE '%XXXX%'
or
SELECT column_list
FROM table_name
WHERE column LIKE 'XXXX_'
or
SELECT column_list
FROM table_name
WHERE column LIKE '_XXXX'
```

or
SELECT column_list
FROM table_name
WHERE column LIKE '_XXXX_'

可以使用 AND 或 OR 运算符来结合 N 个数量的条件。在这里 XXXX 可以是任何数字或字符串值。

【例 5.12】查询学生信息中姓名以"红"结尾的信息。

select name,age from students where name like '%红';

【例 5.13】添加一条信息,姓名为王晓红,年龄为 22。随后进行查询。

(1)姓名以"红"结尾的学生信息。
(2)姓名以"红"结尾的姓名为两个字的学生信息。
(3)姓名以"王"开头的学生信息。

语句如下:

insert into students values(null,'王晓红',22,0);
(1):select name,age from students where name like '%红';
(2):select name,age from students where name like '_红';
(3):select name,age from students where name like '王%';

5.4 C#调用 SQLite 接口

SQLite.NET 也是一个数据访问组件,其中 System.Data.SQLite 就好像是.NET 自带的 System.Data.SqlClient 一样。里面包含 connection、command 等数据访问的常用对象,只是它们前面都有一个前缀 sqlite。下载最新版 SQLite 即 SQLite-1.0.66.0-setup.exe,安装完成后会生成动态链接库 System.Data.SQLite.DLL,在项目中直接引用 System.Data.SQLite 即可。只有使用 SQLite.NET 访问 SQLite 时才需要此操作。具体步骤如下:

(1)下载正确版本的 SQLite,32 位或 64 位。
(2)下载 SQLite 操作驱动 dll:System.Data.SQLite。
(3)将项目属性里面的生成平台目标改成 x64,当然如果是 32 位也就不用这步操作了。
(4)一般来说,这样对数据库的操作的代码都是写在类库里面的,这里需要注意的地方是,在编写对 SQLite 使用的类库时,在类库中只需引用 System.Data.SQLite.dll,文件放在什么地方无所谓,只要能引用就行。创建一个应用控制台程序,如图 5.15 所示。在解决方案中找到引用,在"引用"上右击并选择"添加引用"选项,然后出现如图 5.16 所示的界面,在其中选择"浏览"选项,然后找出当前存放 System.Data.SQLite.dll 文件的位置,如图 5.17 所示(根据个人的文件所在位置),然后将其添加到引用中。

图 5.15 创建一个应用控制台程序

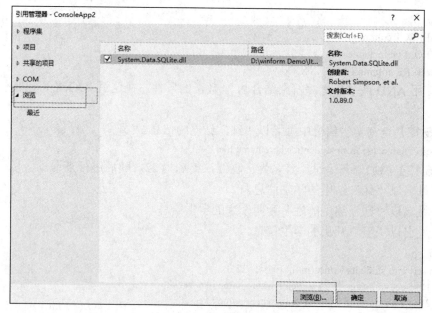

图 5.16　出现界面

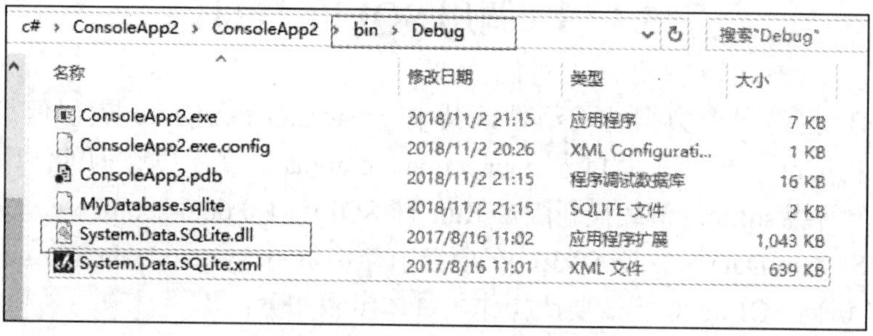

图 5.17　找出文件所在位置

下面对数据库的操作进行举例说明。

【例 5.14】创建一个应用控制台程序，然后实现创建数据库、连接数据库、创建表、添加数据、查询数据、修改数据、删除数据的功能。

代码如下：

```
using System;
using System.Collections.Generic;
using System.Linq;
using System.Text;
using System.Threading.Tasks;
using System.Data.SQLite;
namespace ConsoleApp2
{
    class Program
    {
        //数据库连接
        SQLiteConnection m_dbConnection;
```

```csharp
static void Main(string[] args)
{
    Program p = new Program();
}
public Program()
{
    createNewDatabase();
    connectToDatabase();
    createTable();
    fillTable();
    printHighscores();
    updateScores();
    deleteScores();
}
//创建一个空的数据库
void createNewDatabase()
{
    SQLiteConnection.CreateFile("MyDatabase.sqlite");
}
//创建一个连接到指定数据库
void connectToDatabase()
{
    m_dbConnection = new SQLiteConnection("Data Source=MyDatabase.sqlite;
             Version=3;");
    m_dbConnection.Open();
}
//在指定数据库中创建一个表
void createTable()
{
    string sql = "create table highscores (id int, name varchar(20), score int)";
    SQLiteCommand command = new SQLiteCommand(sql, m_dbConnection);
    command.ExecuteNonQuery();
}
//添加数据
void fillTable()
{
    string sql = "insert into highscores (id, name, score) values (1, 'Me', 3000)";
    SQLiteCommand command = new SQLiteCommand(sql, m_dbConnection);
    command.ExecuteNonQuery();
    sql = "insert into highscores (id, name, score) values (2, 'Myself', 6000)";
    command = new SQLiteCommand(sql, m_dbConnection);
    command.ExecuteNonQuery();
    sql = "insert into highscores (id, name, score) values (3, 'And I', 9001)";
    command = new SQLiteCommand(sql, m_dbConnection);
    command.ExecuteNonQuery();
}
```

```
//使用 SQL 查询语句并显示结果
void printHighscores()
{
    string sql = "select * from highscores order by score desc";
    SQLiteCommand command = new SQLiteCommand(sql, m_dbConnection);
    SQLiteDataReader reader = command.ExecuteReader();
    while (reader.Read())
        Console.WriteLine("Name: " + reader["name"] + "\tScore: " + reader["score"]);
    Console.ReadLine();
}
```

程序运行结果如下:

首先,要创建一个空的数据库,再连接至此数据库并创建一张名为 highscores 的表,如图 5.18 所示。创建好数据库和表以后向表中添加数据并查询,结果如图 5.19 所示。

图 5.18　创建 highscores 表

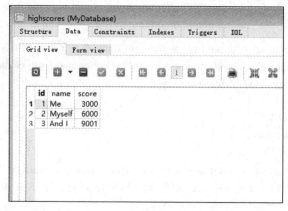

图 5.19　添加数据并查询

其次,在连接数据库的情况下执行如下代码完成修改功能:

```
//使用 SQL 修改语句
void updateScores()
{
    string sql = "update highscores set score = 3 where name = 'Me'";
    SQLiteCommand command = new SQLiteCommand(sql, m_dbConnection);
```

command.ExecuteNonQuery();
}

先要在 Program 中添加 updateScores()方法,然后只保留当前连接数据库的方法,在执行完上述代码后会对表中的数据进行修改,结果如图 5.20 所示。

最后,在连接数据库的情况下执行如下代码完成删除功能:

```
//使用 SQL 删除语句
void deleteScores()
{
    string sql = "delete from highscores where id = 3";
    SQLiteCommand command = new SQLiteCommand(sql, m_dbConnection);
        command.ExecuteNonQuery();
}
```

先要在 Program 中添加 deleteScores()方法,然后只保留当前连接数据库的方法,在执行完上述代码后会对表中的数据进行修改,结果如图 5.21 所示。

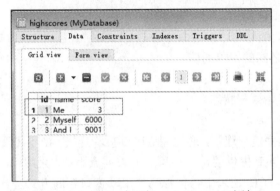

图 5.20 Program 中添加 updateScores()方法

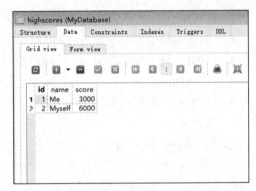

图 5.21 Program 中添加 deleteScores()方法

5.5 习题

1. 通过 SQLite Studio 界面创建一个名为 testdb 的数据库,在创建好的数据库中创建一个名为 student 的表,并在其中添加 id、name、age 属性。

2. 通过 SQLite Studio 界面,利用 SQL 语句完成对数据库的增、删、改、查操作。

3. 创建应用控制台程序,通过 C#调用 SQLite 接口,完成创建数据库、创建表以及对数据库的增、删、改、查操作。

第 6 章 网络编程基础

6.1 TCP/IP 简介

TCP/IP（Transmission Control Protocol/Internet Protocol，传输控制协议/因特网互联协议）协议是 Internet 国际互联网络的基础。因此，更准确的名字应该叫网络通讯协议。TCP/IP 是网络中使用的基本的通信协议。虽然从名字上看 TCP/IP 包括两个协议，即 TCP（Transmission Control Protocol）协议和 IP（Internet Protocol）协议。但是 TCP/IP 实际上是一个协议簇，它包括了上百个各种功能的协议。

在 TCP/IP 中包含一系列用于处理数据通信的协议：
- TCP（传输控制协议）：应用程序之间的通信。
- UDP（用户数据报协议）：应用程序之间的简单通信。
- IP（网际协议）：计算机之间的通信。
- ICMP（因特网消息控制协议）：针对错误和状态。

1. TCP

TCP 是面向连接的通信协议，通过三次握手建立连接，通信完成时要拆除连接。由于 TCP 是面向连接的，所以只能用于端到端的通信。TCP 提供的是一种可靠的数据流服务，采用"带重传的肯定确认"技术来实现传输的可靠性。TCP 还采用一种称为"滑动窗口"的方式进行流量控制。所谓窗口实际表示接收能力，用以限制发送方的发送速度。如果 IP 数据包中有已经封好的 TCP 数据包，那么 IP 将把它们向"上"传送到 TCP 层。TCP 将数据包排序并进行错误检查，同时实现虚电路间的连接。TCP 数据包中包括序号和确认，所以未按照顺序收到的包可以被排序，而损坏的包可以被重传。TCP 将它的信息送到更高层的应用程序，例如 Telnet 的服务程序和客户程序。应用程序轮流将信息送回 TCP 层，TCP 层便将它们向下传送到 IP 层、设备驱动程序和物理介质，最后到接收方。

面向连接的服务（例如 Telnet、FTP、rlogin、X Windows 和 SMTP）需要高度的可靠性，所以它们使用了 TCP。DNS 在某些情况下使用 TCP（发送和接收域名数据库），但使用 UDP 传送有关单个主机的信息。

2. UDP

UDP 是面向无连接的通信协议，UDP 数据包括目的端口号和源端口号信息，由于通信不需要连接，所以可以实现广播发送。UDP 通信时不需要接收方确认，属于不可靠的传输，可能会出现丢包现象，实际应用中要求程序员编程验证。UDP 与 TCP 位于同一层，但它不管数据包的顺序、错误或重发。因此，UDP 不被应用于那些使用虚电路的面向连接的服务，UDP 主要用于那些面向查询——应答的服务，例如 NFS。相对于 FTP 或 Telnet，这些服务需要交换的信息量较小。使用 UDP 的服务包括 NTP（网络时间协议）和 DNS（DNS 也使用 TCP）。欺骗 UDP 包比欺骗 TCP 包更容易，因为 UDP 没有建立初始化连接（也可以称为握手），也就是说，与 UDP 相关的服务面临着更大的危险。

3. IP

IP 层接收由更低层（网络接口层例如以太网设备驱动程序）发来的数据包，并把该数据包发送到更高层——TCP 或 UDP 层；相反，IP 层也把从 TCP 或 UDP 层接收来的数据包传送到更低层。IP 数据包是不可靠的，因为 IP 并没有做任何事情来确认数据包是否是按顺序发送的或者有没有被破坏，IP 数据包中含有发送它的主机的地址（源地址）和接收它的主机的地址（目的地址）。高层的 TCP 和 UDP 服务在接收数据包时，通常假设数据包中的源地址是有效的。也可以这样说，IP 地址形成了许多服务的认证基础，这些服务相信数据包是从一个有效的主机发送来的。IP 确认包含一个选项，叫做 IP source routing，可以用来指定一条源地址和目的地址之间的直接路径。对于一些 TCP 和 UDP 的服务来说，使用了该选项的 IP 包好像是从路径上的最后一个系统传递过来的，而不是来自于它的真实地点。这个选项是为了测试而存在的。那么，许多依靠 IP 源地址做确认的服务将产生问题并且会被非法入侵。

4. ICMP

ICMP 与 IP 位于同一层，它被用来传送 IP 的控制信息和提供有关通向目的地址的路径信息。ICMP 的 Redirect 信息通知主机通向其他系统的更准确的路径，而 Unreachable 信息则指出路径有问题。另外，如果路径不可用了，ICMP 可以使 TCP 连接终止。PING 是最常用的基于 ICMP 的服务。

6.2 Socket 编程基础

6.2.1 什么是 Socket

Socket 的英文原意是"孔"或"插座"。作为进程通信机制，取后一种意思。通常也称为"套接字"，用于描述 IP 地址和端口，是一个通信链的句柄（其实就是两个程序通信用的）。Socket 非常类似于电话插座。以一个电话网为例：电话的通话双方相当于相互通信的两个程序，电话号码就是 IP 地址。任何用户在通话之前，首先要占有一部电话机，相当于申请一个 Socket，同时还要知道对方的号码，相当于对方有一个固定的 Socket。然后向对方拨号呼叫，相当于发出连接请求，对方假如在场并空闲，拿起电话话筒，双方就可以正式通话，相当于连接成功。双方通话的过程，是一方向电话机发出信号和对方从电话机接收信号的过程，相当于向 Socket 发送数据和从 Socket 接收数据。通话结束后，一方挂起电话机相当于关闭 Socket，撤销连接。

为了满足不同程序对通信质量和性能的要求，一般的网络系统都提供了以下 3 种不同类型的套接字，以供用户在设计程序时根据不同需要来选择：

（1）流式套接字（SOCK_STREAM）：提供了一种可靠的、面向连接的双向数据传输服务。实现了数据无差错、无重复的发送，内设流量控制，被传输的数据被看作无记录边界的字节流。在 TCP/IP 协议簇中，使用 TCP 实现字节流的传输，当用户要发送大批量数据或对数据传输的可靠性有较高要求时使用流式套接字。

（2）数据报套接字（SOCK_DGRAM）：提供了一种无连接、不可靠的双向数据传输服务。数据以独立的包形式被发送，并且保留了记录边界，不提供可靠性保证。数据在传输过程中可能会丢失或重复,并且不能保证数据在接收端按发送顺序接收。在 TCP/IP 协议簇中,使用 UDP 实现数据报套接字。

(3) 原始套接字(SOCK_RAW):该套接字允许对较低层协议(如 IP 或 ICMP)进行直接访问。一般用于对 TCP/IP 核心协议的网络编程。

6.2.2 Socket 相关概念

1. 端口

在 Internet 上有很多这样的主机,这些主机一般运行了多个服务软件,同时提供几种服务。每种服务都打开一个 Socket,并绑定到一个端口上,不同的端口对应于不同的服务(应用程序),因此,在网络协议中使用端口号识别主机上不同的进程。例如 http 使用 80 端口,FTP 使用 21 端口。

2. 协议

(1) TCP。TCP 是一种面向连接的、可靠的、基于字节流的传输层通信协议,为两台主机提供高可靠性的数据通信服务。它可以将源主机的数据无差错地传输到目标主机。当有数据要发送时,对应用进程送来的数据进行分片,以适合于在网络层中传输;当接收到网络层传来的分组时,它要对收到的分组进行确认,还要对丢失的分组设置超时重发等。为此,TCP 需要增加额外的许多开销,以便在数据传输过程中进行一些必要的控制,确保数据的可靠传输。因此,TCP 传输的效率比较低。

1) TCP 的工作过程。TCP 是面向连接的协议,TCP 协议通过三个报文段完成类似电话呼叫的连接建立过程,这个过程称为三次握手,如图 6.1 所示。

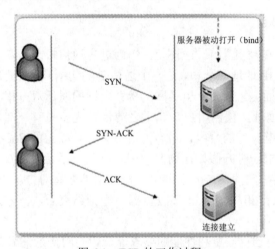

图 6.1 TCP 的工作过程

第一次握手:建立连接时,客户端发送 SYN 包(SEQ=x)到服务器,并进入 SYN_SEND 状态,等待服务器确认。

第二次握手:服务器收到 SYN 包,必须确认客户的 SYN(ACK=x+1),同时自己也发送一个 SYN 包(SEQ=y),即 SYN+ACK 包,此时服务器进入 SYN_RECV 状态。

第三次握手:客户端收到服务器的 SYN+ACK 包,向服务器发送确认包 ACK(ACK=y+1),此包发送完毕,客户端和服务器进入 Established 状态,完成三次握手。

2）传输数据。一旦通信双方建立了 TCP 连接，连接中的任何一方都能向对方发送数据和接收对方发来的数据。TCP 协议负责把用户数据（字节流）按一定的格式和长度组成多个数据报进行发送，并在接收到数据报之后按分解顺序重新组装和恢复用户数据。利用 TCP 传输数据时，数据是以字节流的形式进行传输的。

3）TCP 的主要特点。

TCP 最主要的特点如下：
- 是面向连接的协议。
- 端到端的通信。每个 TCP 连接只能有两个端点，而且只能一对一通信，不能一点对多点直接通信。
- 高可靠性。通过 TCP 连接传送的数据，能保证数据无差错、不丢失、不重复地准确到达接收方，并且保证各数据到达的顺序与其发出的顺序相同。
- 全双工方式传输。
- 数据以字节流的方式传输。
- 传输的数据无消息边界。

4）同步与异步。同步工作方式是指利用 TCP 编写的程序执行到监听或接收语句时，在未完成工作（侦听到连接请求或收到对方发来的数据）前不再继续往下执行，线程处于阻塞状态，直到该语句完成相应的工作后才继续执行下一条语句。异步工作方式是指程序执行到监听或接收语句时，不论工作是否完成，都会继续往下执行。

（2）UDP。UDP 是一种简单的、面向数据报的无连接的协议，提供的是不一定可靠的传输服务。所谓"无连接"是指在正式通信前不必与对方先建立连接，不管对方状态如何都直接发送过去。这与发送手机短信非常相似，只要知道对方的手机号就可以了，不用考虑对方手机处于什么状态。UDP 虽然不能保证数据传输的可靠性，但数据传输的效率较高。

1）UDP 与 TCP 的区别。
- UDP 可靠性不如 TCP。TCP 包含了专门的传递保证机制，当数据接收方收到发送方传来的信息时，会自动向发送方发出确认消息；发送方只有在接收到该确认消息之后才继续传送其他信息，否则将一直等待，直到收到确认信息为止。与 TCP 不同，UDP 并不提供数据传送的保证机制。如果在从发送方到接收方的传递过程中出现数据报的丢失，协议本身并不能做出任何检测或提示。因此，通常人们把 UDP 称为不可靠的传输协议。
- UDP 不能保证有序传输。UDP 不能确保数据的发送和接收顺序。对于突发性的数据报，有可能会乱序。

2）UDP 的优势。
- UDP 速度比 TCP 快。由于 UDP 不需要先与对方建立连接，也不需要传输确认，因此其数据传输速度比 TCP 快得多。对于强调传输性能而不是传输完整性的应用（比如网络音频播放、视频点播和网络会议等），使用 UDP 比较合适，因为它的传输速度快，使通过网络播放的视频音质好、画面清晰。
- UDP 有消息边界。发送方 UDP 对应用程序交下来的报文，在添加首部后就向下直接交付给 IP 层。既不拆分，也不合并，而是保留这些报文的边界。使用 UDP 不需要考虑消息边界问题，这样使得 UDP 编程相比 TCP，在对接收到的数据的处理方面要方便得多。在程序员看来，UDP 套接字使用比 TCP 简单。UDP 的这一特征也说明了它是一种面向报文的传输协议。

- UDP 可以一对多传输。由于传输数据不建立连接，也就不需要维护连接状态（包括收发状态等），因此一台服务器可以同时向多个客户端传输相同的消息。利用 UDP 可以使用广播或组播的方式同时向子网上的所有客户进程消息发送，这一点也比 TCP 方便。

其中，速度快是 UDP 的首要优势，由于 TCP 协议中植入了各种安全保障功能，在实际执行的过程中会占用大量的系统开销，无疑使速度受到严重影响。反观 UDP，由于抛弃了信息可靠传输机制，将安全和排序等功能移交给上层应用完成，极大地降低了执行时间，使速度得到了保证。简而言之，UDP 的"理念"就是"不顾一切，只为更快地发送数据。"

6.3　基于 UDP 的数据传输

6.3.1　UDP 介绍

UDP 和 TCP 都是构建在 IP 层之上传输层的协议，但 UDP 是一种简单的、面向数据报（Sock_Dgram）的无连接协议，提供的是不一定可靠的传输服务。然而 TCP 是一种面向连接的、可靠的、面向字节流（Sock_Stream）的传输协议，对于"无连接"是指在正式通信前不必与对方先建立连接，不管对方状态如何都可以直接发送过去（就如 QQ 中通过 QQ 号查看好友后发送添加好友请求，此间不需要考虑对方的状态如何，都照样发送请求）。从 UDP 和 TCP 的定义中就可以看出它们两者的区别了，UDP 的可靠性不如 TCP，因为 TCP 传输前要首先建立连接，这样就增加了 TCP 传输的可靠性，所以 UDP 也被称为不可靠的传输协议。另外 UDP 不能保证有序传输，即 UDP 不能确保数据的发送和接收顺序。

UDP 将网络数据流量压缩成数据报的形式，每一个数据报用 8 个字节（8 * 8 位=64 位）描述报头信息，剩余字节包含具体的传输数据。UDP 报头（只有 8 个字节）相对于 TCP 的报头（至少 20 个字节）很短，UDP 报头由 4 个域组成，每个域各占 2 个字节，具体为源端口、目的端口、用户数据报长度和校验和。

6.3.2　.NET 平台对 UDP 编程的支持

在前面介绍完 UDP 相对于 TCP 的优势后，当然很希望在.NET 平台下开发一个基于 UDP 协议的一个应用了，.NET 平台下对 UDP 编程也做了很好的支持，为我们开发基于 UDP 协议的网络应用提供很多方便之处，下面就简单介绍.NET 平台下对 UDP 编程的支持（主要介绍提供的类来对 UDP 协议进行编程）。.NET 类库中的 UdpClient 类对基础的 Socket 进行了封装，这样就在发送和接收数据时不需要考虑底层套接字的收发时处理的一些细节问题，这样为 UDP 编程提供了方便，也可以提高开发效率（感觉.NET 就是做这样的事情的，对一些底层的实现进行封装，方便我们的调用，这也体现了面向对象语言的封装特性），对于这个的具体的使用这里不做过多的介绍，在后面的 UDP 编程的实现部分将会介绍该类中主要方法的使用。

6.3.3 UDP 编程的具体实现

由于 UDP 进程在通信之前不需要建立连接，消息接收方可能并不知道是谁给它发的消息，因此 UDP 编程分为两种模式：一种是"实名发送"，即接收方可以由收到的消息得知发送方进程端口；另一种是"匿名发送"，即接收方并不知道发给它信息的远程进程究竟来自哪个端口。下面通过一个 WinForm 程序来演示 UDP 的编程。

实现代码：

```
using System;
using System.Net;
using System.Net.Sockets;
using System.Text;
using System.Threading;
using System.Windows.Forms;
namespace UDPClient
{
    public partial class frmUdp : Form
    {
        private UdpClient sendUdpClient;
        private UdpClient receiveUpdClient;
        public frmUdp()
        {
            InitializeComponent();
            IPAddress[] ips = Dns.GetHostAddresses("");
            tbxlocalip.Text = ips[3].ToString();
            int port = 51883;
            tbxlocalPort.Text = port.ToString();
            tbxSendtoIp.Text = ips[3].ToString();
            tbxSendtoport.Text = port.ToString();
        }
        // 接收消息
        private void btnReceive_Click(object sender, EventArgs e)
        {
            // 创建接收套接字
            IPAddress localIp = IPAddress.Parse(tbxlocalip.Text);
            IPEndPoint localIpEndPoint = new IPEndPoint(localIp,
            int.Parse(tbxlocalPort.Text));
            receiveUpdClient = new UdpClient(localIpEndPoint);
            Thread receiveThread = new Thread(ReceiveMessage);
            receiveThread.Start();
        }
        private void ReceiveMessage()                    // 接收消息方法
        {
            IPEndPoint remoteIpEndPoint = new IPEndPoint(IPAddress.Any, 0);
            while (true)
            {
```

```csharp
            try
            {
                // 关闭 receiveUdpClient 时会产生异常
                byte[] receiveBytes = receiveUpdClient.Receive(ref remoteIpEndPoint);
                string message = Encoding.Unicode.GetString(receiveBytes);
                // 显示消息内容
                ShowMessageforView(lstbxMessageView, string.Format("{0}[{1}]",
                    remoteIpEndPoint, message));
            }
            catch
            {
                break;
            }
        }
    }
    // 利用委托回调机制实现界面上消息内容的显示
    delegate void ShowMessageforViewCallBack(ListBox listbox, string text);
    private void ShowMessageforView(ListBox listbox, string text)
    {
        if (listbox.InvokeRequired)
        {
            ShowMessageforViewCallBack showMessageforViewCallback =
                ShowMessageforView;
            listbox.Invoke(showMessageforViewCallback, new object[] { listbox, text });
        }
        else
        {
            lstbxMessageView.Items.Add(text);
            lstbxMessageView.SelectedIndex = lstbxMessageView.Items.Count - 1;
            lstbxMessageView.ClearSelected();
        }
    }
    private void btnSend_Click(object sender, EventArgs e)
    {
        if (tbxMessageSend.Text == string.Empty)
        {
            MessageBox.Show("发送内容不能为空","提示");
            return;
        }

        // 选择发送模式
        if (chkbxAnonymous.Checked == true)
        {
            // 匿名模式（套接字绑定的端口由系统随机分配）
            sendUdpClient = new UdpClient(0);
        }
```

```csharp
        else
        {
            // 实名模式（套接字绑定到本地指定的端口）
            IPAddress localIp = IPAddress.Parse(tbxlocalip.Text);
            IPEndPoint localIpEndPoint = new IPEndPoint(localIp, int.Parse(tbxlocalPort.Text));
            sendUdpClient = new UdpClient(localIpEndPoint);
        }

        Thread sendThread = new Thread(SendMessage);
        sendThread.Start(tbxMessageSend.Text);
}
// 发送消息方法
private void SendMessage(object obj)
{
        string message = (string)obj;
        byte[] sendbytes = Encoding.Unicode.GetBytes(message);
        IPAddress remoteIp = IPAddress.Parse(tbxSendtoIp.Text);
        IPEndPoint remoteIpEndPoint = new IPEndPoint(remoteIp,
                    int.Parse(tbxSendtoport.Text));
        sendUdpClient.Send(sendbytes, sendbytes.Length, remoteIpEndPoint);
        sendUdpClient.Close();
        // 清空发送消息框
        ResetMessageText(tbxMessageSend);
}
// 采用了回调机制
// 使用委托实现跨线程界面的操作方式
delegate void ResetMessageCallback(TextBox textbox);
private void ResetMessageText(TextBox textbox)
{
        // Control.InvokeRequired 属性代表
        // 如果控件的处理与调用线程是在不同线程上创建的，则为 true, 否则为 false
        if (textbox.InvokeRequired)
        {
            ResetMessageCallback resetMessagecallback = ResetMessageText;
            textbox.Invoke(resetMessagecallback, new object[] { textbox });
        }
        else
        {
            textbox.Clear();
            textbox.Focus();
        }
}
// 停止接收
private void btnStop_Click(object sender, EventArgs e)
{
        receiveUpdClient.Close();
```

```
        }

        // 清空接收消息框
        private void btnClear_Click(object sender, EventArgs e)
        {
            this.lstbxMessageView.Items.Clear();
        }
    }
}
```

运行结果如下:

(1) 实名发送：在本地运行本程序的三个进程（分别为 A、B、C），把进程 C 作为接收进程，进程 A 和进程 B 都向进程 C 发送信息，进程 A 和进程 B 分别绑定端口号为 11883 和 21883，发送到端口都为 51883，配置界面如图 6.2 所示。

图 6.2　配置界面

首先不勾选"匿名"复选框，在进程 C 中单击"接收"按钮开启接收线程，在 A 进程和 B 进程的"发送"消息框里分别输入"你好，我是 1"和"你好，我是 2"，然后单击"发送"按钮，此时在进程中就可以看到进程 A 和进程 B 发来的消息，如图 6.3 所示。

图 6.3　不勾选"匿名"发送消息

从图中可以看出每条消息之前都显示了消息的准确来源（包括消息进程所在的 IP 地址和端口号）。

（2）匿名发送：勾选"匿名"复选框，再按照前面的步骤将得到如图 6.4 所示的结果。

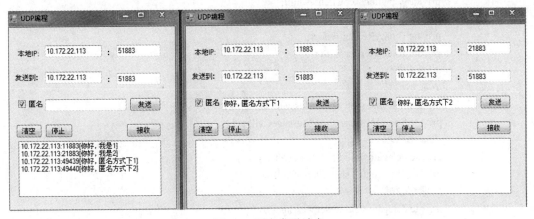

图 6.4 匿名发送消息

从图中结果可以看出此时列表中显示的消息来源的进程端口号分别为 49439 和 49440，而不是发送消息进程的真实端口（11883 和 21883）。

这种 UDP 只能辨别消息源主机的 IP 地址，而无法知道发消息的进程究竟是哪个端口称为"匿名发送"。正如我们平时发手机短信一样，如果我们把认识的名字和电话号码预先存在通讯录里，当一发来信息时，接收方马上就可以从来电显示中看到是谁发来的（实名模式）；但是如果是陌生人发来信息或者是广告等信息时，仅看来电显示，根本不知道对方是谁（匿名模式）。

6.4 基于 TCP 的数据传输

由于此前已简单介绍过 TCP 的建立连接和数据传输，下面我们简单实现一个客户端与服务器间的通信程序。

客户端代码如下：

```
using System;
using System.Collections.Generic;
using System.ComponentModel;
using System.Data;
using System.Drawing;
using System.Linq;
using System.Text;
using System.Windows.Forms;
using System.Net;
using System.Net.Sockets;
using System.Threading;
using System.IO;
namespace TCPClient
{
    public partial class frmSyncTCPClient : Form
    {
        #region 变量
```

```csharp
// 声明变量
private TcpClient tcpClient = null;
private NetworkStream networkStream = null;
private BinaryReader reader;
private BinaryWriter writer;
// 声明委托
// 显示消息
private delegate void ShowMessage(string str);
private ShowMessage showMessageCallback;
// 显示状态
private delegate void ShowStatus(string str);
private ShowStatus showStatusCallBack;
// 清空消息
private delegate void ResetMessage();
private ResetMessage resetMessageCallBack;
#endregion
public frmSyncTCPClient()
{
    InitializeComponent();
    #region 实例化委托
    // 显示消息
    showMessageCallback = new ShowMessage(showMessage);
    // 显示状态
    showStatusCallBack = new ShowStatus(showStatus);
    // 重置消息
    resetMessageCallBack = new ResetMessage(resetMessage);
    #endregion
}
#region 定义回调函数
// 显示消息
private void showMessage(string str)
{
    lstbxMessageView.Items.Add(tcpClient.Client.RemoteEndPoint);
    lstbxMessageView.Items.Add(str);
    lstbxMessageView.TopIndex = lstbxMessageView.Items.Count - 1;
}
// 显示状态
private void showStatus(string str)
{
    toolStripStatusInfo.Text = str;
}
// 清空消息
private void resetMessage()
{
    tbxMessage.Text = "";
    tbxMessage.Focus();
```

```csharp
}
#endregion
#region 单击事件方法
private void btnConnect_Click(object sender, EventArgs e)
{
    // 通过一个线程发起请求，多线程
    Thread connectThread = new Thread(ConnectToServer);
    connectThread.Start();
}
// 连接服务器方法，建立连接的过程
private void ConnectToServer()
{
    try
    {
        // 调用委托
        statusStripInfo.Invoke(showStatusCallBack, "正在连接...");
        if (tbxserverIp.Text == string.Empty || tbxPort.Text == string.Empty)
        {
            MessageBox.Show("请先输入服务器的 IP 地址和端口号");
        }
        IPAddress ipaddress = IPAddress.Parse(tbxserverIp.Text);
        tcpClient = new TcpClient();
        tcpClient.Connect(ipaddress, int.Parse(tbxPort.Text));
        // 延时操作
        Thread.Sleep(1000);
        if (tcpClient != null)
        {
            statusStripInfo.Invoke(showStatusCallBack, "连接成功");
            networkStream = tcpClient.GetStream();
            reader = new BinaryReader(networkStream);
            writer = new BinaryWriter(networkStream);
        }
    }
    catch
    {
        statusStripInfo.Invoke(showStatusCallBack, "连接失败");
        Thread.Sleep(1000);
        statusStripInfo.Invoke(showStatusCallBack, "就绪");
    }
}
// 接收消息
private void btnReceive_Click(object sender, EventArgs e)
{
    Thread receiveThread = new Thread(receiveMessage);
    receiveThread.Start();
}
```

```csharp
// 接收消息
private void receiveMessage()
{
    statusStripInfo.Invoke(showStatusCallBack,"接收中");
    try
    {
        string receivemessage = reader.ReadString();
        lstbxMessageView.Invoke(showMessageCallback, receivemessage);
    }
    catch
    {
        if (reader != null)
        {
            reader.Close();
        }
        if (writer != null)
        {
            writer.Close();
        }
        if (tcpClient != null)
        {
            tcpClient.Close();
        }

        statusStripInfo.Invoke(showStatusCallBack, "断开了连接");
    }
}
// 断开连接
private void btnDisconnect_Click(object sender, EventArgs e)
{
    if (reader != null)
    {
        reader.Close();
    }
    if (writer != null)
    {
        writer.Close();
    }
    if (tcpClient != null)
    {
        // 断开连接
        tcpClient.Close();
    }

    toolStripStatusInfo.Text = "断开连接";
}
```

```csharp
// 关闭窗口
private void btnClose_Click(object sender, EventArgs e)
{
    this.Close();
}
// 发送消息
private void btnSend_Click(object sender, EventArgs e)
{
    Thread sendThread = new Thread(SendMessage);
    sendThread.Start(tbxMessage.Text);
}
private void SendMessage(object state)
{
    statusStripInfo.Invoke(showStatusCallBack, "正在发送...");
    try
    {
        writer.Write(state.ToString());
        Thread.Sleep(5000);
        writer.Flush();
        statusStripInfo.Invoke(showStatusCallBack, "完毕");
        tbxMessage.Invoke(resetMessageCallBack, null);
        lstbxMessageView.Invoke(showMessageCallback, state.ToString());
    }
    catch
    {
        if (reader != null)
        {
            reader.Close();
        }
        if (writer != null)
        {
            writer.Close();
        }
        if (tcpClient != null)
        {
            tcpClient.Close();
        }
        statusStripInfo.Invoke(showStatusCallBack, "断开了连接");
    }
}
// 清空消息
private void btnClear_Click(object sender, EventArgs e)
{
    lstbxMessageView.Items.Clear();
}
#endregion
```

服务端代码如下：

```csharp
using System;
using System.Collections.Generic;
using System.ComponentModel;
using System.Data;
using System.Drawing;
using System.Linq;
using System.Text;
using System.Windows.Forms;
using System.Net;
using System.Net.Sockets;
using System.IO;
using System.Threading;
namespace TCPServer
{
    public partial class frmSyncTcpServer : Form
    {
        #region 变量
        // 声明变量
        private const int Port = 51388;
        private TcpListener tcpLister = null;
        private TcpClient tcpClient = null;
        IPAddress ipaddress;
        private NetworkStream networkStream = null;
        private BinaryReader reader;
        private BinaryWriter writer;
        // 声明委托
        // 显示消息
        private delegate void ShowMessage(string str);
        private ShowMessage showMessageCallback;
        // 显示状态
        private delegate void ShowStatus(string str);
        private ShowStatus showStatusCallBack;
        // 清空消息
        private delegate void ResetMessage();
        private ResetMessage resetMessageCallBack;
        #endregion
        public frmSyncTcpServer()
        {
            InitializeComponent();
            #region 实例化委托
            // 显示消息
            showMessageCallback = new ShowMessage(showMessage);
            // 显示状态
            showStatusCallBack = new ShowStatus(showStatus);
            // 重置消息
            resetMessageCallBack = new ResetMessage(resetMessage);
            #endregion
```

```csharp
        ipaddress = IPAddress.Loopback;
        tbxserverIp.Text = ipaddress.ToString();
        tbxPort.Text = Port.ToString();
}
#region 定义回调函数
private void showMessage(string str)                    // 显示消息
{
        lstbxMessageView.Items.Add(tcpClient.Client.RemoteEndPoint);
        lstbxMessageView.Items.Add(str);
        lstbxMessageView.TopIndex = lstbxMessageView.Items.Count - 1;
}
private void showStatus(string str)                     // 显示状态
{
        toolStripStatusInfo.Text = str;
}
private void resetMessage()                             // 清空消息
{
        tbxMessage.Text = string.Empty;
        tbxMessage.Focus();
}
#endregion
#region Click 事件
private void btnStart_Click(object sender, EventArgs e)  // 开始监听
{

        tcpLister = new TcpListener(ipaddress,Port);
        tcpLister.Start();
        // 启动一个线程来接受请求
        Thread acceptThread =new Thread(acceptClientConnect);
        acceptThread.Start();
}
private void acceptClientConnect()                      // 接受请求
{
        statusStripInfo.Invoke(showStatusCallBack,"正在监听");
        Thread.Sleep(1000);
        try
        {
                statusStripInfo.Invoke(showStatusCallBack,"等待连接");
                tcpClient = tcpLister.AcceptTcpClient();
                if (tcpLister != null)
                {
                        statusStripInfo.Invoke(showStatusCallBack,"接收到连接");
                        networkStream = tcpClient.GetStream();
                        reader = new BinaryReader(networkStream);
                        writer = new BinaryWriter(networkStream);
                }
        }
        catch
```

```csharp
            {
                statusStripInfo.Invoke(showStatusCallBack, "停止监听");
                Thread.Sleep(1000);
                statusStripInfo.Invoke(showStatusCallBack, "就绪");
            }
}
// 关闭监听
private void btnStop_Click(object sender, EventArgs e)
{
    tcpLister.Stop();
}

// 清空消息
private void btnClear_Click(object sender, EventArgs e)
{
    lstbxMessageView.Items.Clear();
}
// 接收消息
private void btnReceive_Click(object sender, EventArgs e)
{
    statusStripInfo.Invoke(showStatusCallBack, "接收消息中");
    try
    {
        string receivemessage = reader.ReadString();

        lstbxMessageView.Invoke(showMessageCallback, receivemessage);
    }
    catch
    {
        if (reader != null)
        {
            reader.Close();
        }
        if (writer != null)
        {
            writer.Close();
        }
        if (tcpClient != null)
        {
            tcpClient.Close();
        }
        statusStripInfo.Invoke(showStatusCallBack, "断开了连接");
        // 重新开启一个线程等待新的连接
        Thread acceptThread = new Thread(acceptClientConnect);
        acceptThread.Start();
    }
}
private void btnSend_Click(object sender, EventArgs e)          //发送消息
```

```csharp
{
    Thread sendThread = new Thread(SendMessage);
    sendThread.Start(tbxMessage.Text);
}
private void SendMessage(object state)              //发送消息
{
    statusStripInfo.Invoke(showStatusCallBack, "正在发送");
    try
    {
        writer.Write(state.ToString());
        Thread.Sleep(5000);
        writer.Flush();
        statusStripInfo.Invoke(showStatusCallBack, "完毕");
        tbxMessage.Invoke(resetMessageCallBack, null);
        lstbxMessageView.Invoke(showMessageCallback, state.ToString());
    }
    catch
    {
        if (reader != null)
        {
            reader.Close();
        }
        if (writer != null)
        {
            writer.Close();
        }
        if (tcpClient != null)
        {
            tcpClient.Close();
        }
        statusStripInfo.Invoke(showStatusCallBack, "断开了连接");
        // 重新开启一个线程等待新的连接
        Thread acceptThread = new Thread(acceptClientConnect);
        acceptThread.Start();
    }
}
private void button1_Click(object sender, EventArgs e)
{
    if (reader != null)
    {
        reader.Close();
    }
    if (writer != null)
    {
        writer.Close();
    }
    if (tcpClient != null)
    {
```

```
                        tcpClient.Close();              //断开连接
                    }
                    toolStripStatusInfo.Text = "断开连接";
                    // 启动一个线程等待接受新的请求
                    Thread acceptThread = new Thread(acceptClientConnect);
                    acceptThread.Start();
                }
                #endregion
            }
        }
```

运行结果如下：首先启动服务器，然后单击"开始监听"按钮，此时线程会阻塞，直到接收到一个连接请求为止，然后运行客户端，在 IP 地址和端口处输入服务器端的 IP 地址和端口号，单击"连接服务器"按钮，通过"接受"按钮和"发送"按钮来实现双方的通信，实现界面如图 6.5 所示。

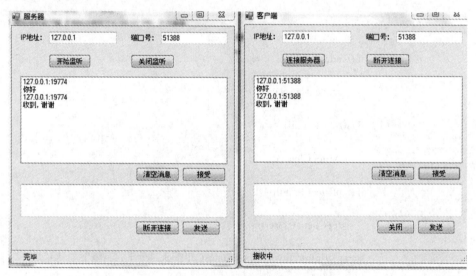

图 6.5 实现双方的通信

6.5 习题

1. 简述 TCP 连接过程及其断开的过程。
2. 简述 TCP 与 UDP 的区别。
3. 创建窗体应用程序，完成基于 UDP 协议的 Socket 通信功能。
4. 创建窗体应用程序，完成基于 TCP 协议的 Socket 通信功能。

第 7 章　综合范例——餐厅管理系统的设计

7.1　开发背景

近几年来，计算机网络、分布技术日趋成熟，随着科技的发展，餐饮业的竞争也越来越激烈。想在这样竞争激烈的环境下生存，就必须运用科学的管理思想与先进的管理方法，使点餐与管理一体化。这样不仅提高了工作效率，也避免了以前手工作业的麻烦，从而使管理者能够准确、有效地管理餐饮。因此，餐饮业的管理者更希望从科学的管理中取得竞争的优势，在竞争激烈的商业市场中取胜。

7.2　系统分析

7.2.1　需求分析

通过与×××餐饮公司的沟通和需求分析，要求系统具有以下功能：
- 系统操作简单，界面友好。
- 规范、完善的基础信息设置。
- 支持多人操作，要求有权限分配功能。
- 为了方便用户，要求系统支持模糊查询。
- 实现对消费账目自动结算。

7.2.2　可行性分析

1. 引言

（1）编写目的。以文件的形式给企业的决策层提供项目实施的参考依据，其中包括项目存在的风险、项目需要的投资和能够收获的最大效益。

（2）背景。×××餐饮公司是一家以餐饮经营为主的私营企业。为了完善管理制度、增强企业的竞争力、实现信息化管理，公司决定开发餐饮管理系统。

2. 可行性研究的前提

（1）要求。餐饮管理系统必须提供桌台信息、菜品信息和人事档案信息的基础设置；强大的查询功能和消费管理功能；可以分不同权限、不同用户对该系统进行操作。另外，该系统还必须保证数据的安全性、完整性和准确性。

（2）目标。餐饮管理系统的目标是实现企业的信息化管理，节约人力、物力、财力等资源，提高餐饮行业的服务效率并提升企业市场竞争力。

（3）条件、假定和限制。为实现企业的信息化管理，将原有的菜品、桌台、人事档案等信息转换为信息化数据，需要操作员花费大量时间和精力来完成，为不影响企业的正常运行，餐饮管理系统必须在两个月的时间内交付用户使用。

（4）评价尺度。根据用户的要求，项目主要以桌台信息、菜品信息和查询统计功能为主，对人事档案和消费信息应该及时准确地保存，并提供相应的查询和统计功能。

7.3 系统设计

7.3.1 系统目标

本系统属于小型的餐饮管理系统，可以有效地对中小型餐厅消费进行管理。本系统应达到以下目标：
- 系统采用人机交互的方式，界面美观友好，信息查询灵活方便，数据存储安全可靠。
- 实现对餐厅客户开台、点菜/加菜、账目查询和结账等操作。
- 对用户的数据进行严格的数据检验，尽可能地避免人为错误。
- 实现对消费账目自动结算。
- 实现对消费的历史记录进行查询，支持模糊查询。
- 系统应最大限度地实现易维护性和易操作性。

7.3.2 系统流程图

餐厅管理系统的业务流程图如图7.1所示。

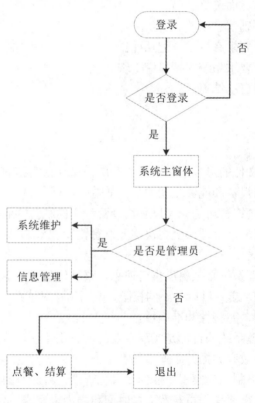

图 7.1 餐厅管理系统流程图

7.3.3 系统编码规范

遵守程序编码规则所开发的程序，代码清晰、整洁、方便阅读，并可以提高程序的可读性，真正做到"见名知意"。本节从数据库设计和程序编码两个方面介绍程序开发中的编码规则。

1. 数据库对象命名规则

（1）数据库命名规则。数据库命名以相关英文单词或缩写拼写而成，如表 7-1 所示。

表 7-1 数据库命名

数据库名称	描述
ItcastCater	餐厅管理系统数据库

（2）数据表命名规则。数据表命名以相关英文单词或缩写拼写而成，如表 7-2 所示。

表 7-2 数据表命名

数据表名称	描述
ManagerInfo	管理员表
MemberTypeInfo	会员等级表
MemberInfo	会员表
DishTypeInfo	商品分类表
DishInfo	菜品表
HallInfo	厅包表
TableInfo	餐桌表
OrderInfo	订单表
OrderDetailInfo	订单详细表

（3）字段命名规则。字段一律采用英文单词或词组（可利用翻译软件）命名，如找不到专业的英文单词或词组，可以用相同意义的英文单词或词组代替。

2. 业务编码规则

（1）桌台编号。桌台的 ID 编号是餐厅管理系统中桌台的唯一标识，不同的桌台可以通过该编号来区分。该编号是递增序号，例如 1、2、3。

（2）菜品类别编号。食品类别编号用于区分食品的不同种类，不同的食品种类可以通过该编号来区分。该编号是递增序号，例如 1、2、3。

（3）会员编号。会员编号用于区分各个会员的信息，不同的会员可以通过该编号来区分。该编号是递增序号，例如 1、2、3。

7.4 系统运行环境

本系统的程序运行环境具体如下：

（1）系统开发平台：Microsoft Visual Studio 2017
（2）系统开发语言：C#
（3）数据库管理软件：SQLite
（4）运行平台：Windows XP/7/10
（5）运行环境：Microsoft .NET Framework 4.6.1

7.5 数据库与数据表设计

7.5.1 数据库分析

在本系统中，采用的是 SQLite 数据库，用来存储管理员信息、餐桌信息、会员信息、菜品信息等。这里将数据库命名为 ItcastCater，其中包含了 9 张数据表，用于存储不同的信息，如图 7.2 所示。

图 7.2 数据库结构

7.5.2 数据表逻辑关系设计

系统数据库中各表的结构如下：

（1）管理员表 ManagerInfo，该表的结构如表 7-3 所示。

表 7-3 管理员表

字段名称	数据类型	约束	说明
MId	integer	主键，自增长	编号
MName	String（10）		用户名
MPwd	String（32）		密码，MD5 加密
MType	integer		类型

（2）会员等级表 MemberTypeInfo，该表的结构如表 7-4 所示。

（3）会员表 MemberInfo，该表结构如表 7-5 所示。

（4）菜品分类表 DishTypeInfo，该表结构如表 7-6 所示。

（5）菜品表 DishInfo，该表结构如表 7-7 所示。

（6）厅包表 HallInfo，该表结构如表 7-8 所示。

表 7-4 会员等级表

字段名称	数据类型	约束	说明
MId	integer	主键，自增长	编号
MTitle	String（10）		会员类型名称
MDiscount	Decimal（3,2）		折扣
MIsDelete	boolean		是否删除

表 7-5 会员表

字段名称	数据类型	约束	说明
MId	integer	主键，自增长	编号
MName	String（10）		姓名
MPhone	String（11）		手机号
MMoney	Decimal（6,2）		账户余额
MTypeId	integer		类型，引用 MemberTypeInfo 表
MIsDelete	boolean		是否删除

表 7-6 菜品分类表

字段名称	数据类型	约束	说明
DId	integer	主键，自增长	编号
DTitle	String（10）		菜品类型名称
DIsDelete	boolean		是否删除

表 7-7 菜品表

字段名称	数据类型	约束	说明
DId	integer	主键，自增长	编号
DTitle	String（10）		名称
DPrice	Decimal（5,2）		价格
DChar	String（10）		名称中每个字的首字母
DtypeId	integer		菜品类型，引用 DishTypeInfo 表
DIsDelete	boolean		是否删除

表 7-8 厅包表

字段名称	数据类型	约束	说明
HId	integer	主键，自增长	编号
HTitle	String(10)		厅包名称
HIsDelete	boolean		是否删除

（7）餐桌表 TableInfo，该表结构如表 7-9 所示。

表 7-9　餐桌表

字段名称	数据类型	约束	说明
TId	integer	主键，自增长	编号
TTitle	String（10）		餐桌名称，为包间类型的餐桌命名
THallId	integer		厅包信息，引用 HallInfo 表
TIsFree	boolean		是否空闲
TIsDelete	boolean		是否删除

（8）订单表 OrderInfo，该表结构如表 7-10 所示。

表 7-10　订单表

字段名称	数据类型	约束	说明
OId	integer	主键，自增长	编号
MemberId	integer		会员编号，引用 MemberInfo 表
TableId	integer		餐桌编号，引用 TableInfo 表
ODate	datetime		下单时间
OMoney	Decimal（7,2）		消费金额
IsPay	boolean		是否结账
Discount	Decimal		结账时的折扣

（9）订单详细表 OrderDetailInfo，该表结构如表 7-11 所示。

表 7-11　订单详细表

字段名称	数据类型	约束	说明
OId	integer	主键，自增长	编号
OrderId	integer		订单编号，引用 OrderInfo 表
DishId	integer		菜品编号，引用 DishInfo 表
Count	integer		份数

7.6　创建项目

在 Visual Studio 2017 开发环境中创建项目的具体步骤如下：

（1）选择"开始"→"Visual Studio 2017"命令，如图 7.3 所示。

（2）打开 Visual Studio 2017 开发环境，在菜单栏中选择"文件"→"新建"→"项目"命令，如图 7.4 所示。

（3）弹出"新建项目"对话框，在左侧的列表中选择"Windows 经典桌面"选项，从中间的列表中选择"Windows 窗体应用（.NET Framework）"选项，然后通过"名称"文本框修改项目名称，再通过"位置"栏修改项目保存的位置，通过"解决方案名称"栏修改解决方案的名称，最后单击"确定"按钮，如图7.5所示。

图 7.3　选择 Visual Studio 2017 命令

图 7.4　选择"文件"→"新建"→"项目"命令

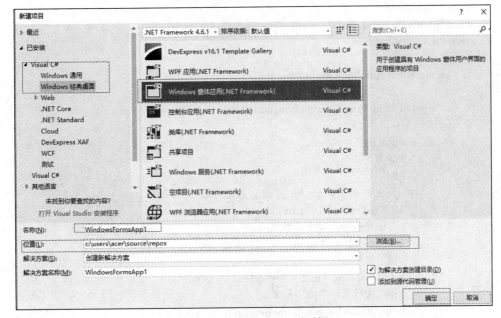

图 7.5　"新建项目"对话框

（4）按照以上步骤将整个系统中所需的项目及其名称都创建并修改完成，如图7.6所示。

图 7.6　系统整体目录

7.7 公共类设计

7.7.1 Md5Helper 公共类

C#中常涉及对用户密码的加密和解密的算法，其中使用 MD5 加密是最常见的实现方式。代码如下：

```csharp
using System;
using System.Collections.Generic;
using System.Linq;
using System.Security.Cryptography;
using System.Text;
using System.Threading.Tasks;
namespace CaterCommon
{
    public partial class Md5Helper
    {
        public static string EncryptString(string str)
        {
            //utf8,x2
            //00-ff
            //0a
            //创建对象的方法：构造方法，静态方法（工厂）
            MD5 md5 = MD5.Create();
            //将字符串转换成字节数组
            byte[] byteOld = Encoding.UTF8.GetBytes(str);
            //调用加密方法
            byte[] byteNew = md5.ComputeHash(byteOld);
            //将加密结果转换成字符串
            StringBuilder sb=new StringBuilder();
            foreach (byte b in byteNew)
            {
                sb.Append(b.ToString("x2"));
            }
            //返回加密的字符串
            return sb.ToString();
        }
    }
}
```

7.7.2 PinyinHelper 公共类

此餐厅管理系统中，在查询等功能中可能用到拼音查询，故用到 PinyinHelper 公共类。代码如下：

```csharp
using System;
using System.Collections.Generic;
```

```csharp
using System.Linq;
using System.Text;
using System.Threading.Tasks;
using Microsoft.International.Converters.PinYinConverter;
namespace CaterCommon
{
    public partial class PinyinHelper
    {
        public static string GetPinyin(string s1)
        {
            string s2 = "";
            foreach (char c in s1)
            {
                ChineseChar cc=new ChineseChar(c);
                s2 += cc.Pinyins[0][0];
            }
            return s2;
        }
    }
}
```

7.7.3　SqliteHelper 公共类

在此管理系统中需要不断地对数据库进行连接操作，为简化其中的操作，因此需要 SqliteHelper 公共类，代码如下：

```csharp
using System;
using System.Collections.Generic;
using System.Configuration;
using System.Data;
using System.Data.SQLite;
using System.Linq;
using System.Text;
using System.Threading.Tasks;

namespace CaterDal
{
    public static class SqliteHelper
    {
        //从配置文本中读取连接字符串
        private static string connStr = ConfigurationManager.ConnectionStrings["itcastCater"].ConnectionString;
        //执行命令的方法：insert,update,delete
        //params：可变参数，目的是省略手动构造数组的过程，直接指定对象，编译
        //器会帮助我们构造数组，并将对象加入到数组中，传递过来
        public static int ExecuteNonQuery(string sql,params SQLiteParameter[] ps)
        {
```

```csharp
            //创建连接对象
            using (SQLiteConnection conn=new SQLiteConnection(connStr))
            {
                //创建命令对象
                SQLiteCommand cmd=new SQLiteCommand(sql,conn);
                //添加参数
                cmd.Parameters.AddRange(ps);
                //打开连接
                conn.Open();
                //执行命令,并返回受影响的行数
                return cmd.ExecuteNonQuery();
            }
        }
        //获取首行首列值的方法
        public static object ExecuteScalar(string sql, params SQLiteParameter[] ps)
        {
            using (SQLiteConnection conn=new SQLiteConnection(connStr))
            {
                SQLiteCommand cmd=new SQLiteCommand(sql,conn);
                cmd.Parameters.AddRange(ps);
                conn.Open();
                //执行命令,获取查询结果中的首行首列的值,返回
                return cmd.ExecuteScalar();
            }
        }

        //获取结果集
        public static DataTable GetDataTable(string sql,params SQLiteParameter[] ps)
        {
            using (SQLiteConnection conn=new SQLiteConnection(connStr))
            {
                //构造适配器对象
                SQLiteDataAdapter adapter=new SQLiteDataAdapter(sql,conn);
                //构造数据表,用于接收查询结果
                DataTable dt=new DataTable();
                //添加参数
                adapter.SelectCommand.Parameters.AddRange(ps);
                //执行结果
                adapter.Fill(dt);
                //返回结果集
                return dt;
            }
        }
    }
}
```

7.8 登录模块设计

7.8.1 系统登录模块概述

为了使系统的安全性得到保障，大多数系统都开发了登录模块。登录模块主要是通过输入正确的用户名和密码进入主窗体，它可以提高程序的安全性，保护数据资料不外泄。登录模块运行结果如图 7.7 所示。

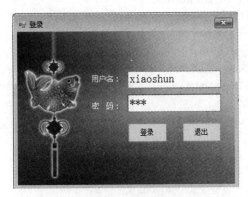

图 7.7 系统登录

7.8.2 系统登录模块技术分析

运行此系统的登录模块时，用户只需要在对应的文本框内输入用户名和密码，然后再单击"登录"按钮进行验证。登录模块以登录的用户名和密码作为搜索条件，在数据库中进行查询，然后判断登录用户名和密码是否正确。代码如下：

```
using System;
using System.Collections.Generic;
using System.ComponentModel;
using System.Data;
using System.Drawing;
using System.Linq;
using System.Text;
using System.Threading.Tasks;
using System.Windows.Forms;
using CaterBll;
using CaterModel;
namespace CaterUI
{
    public partial class FormLogin : Form
    {
        public FormLogin()
        {
            InitializeComponent();
```

```csharp
            }
            private void btnClose_Click(object sender, EventArgs e)
            {
                this.Close();
            }
            private void btnLogin_Click(object sender, EventArgs e)
            {
                //获取用户输入的信息
                string name = txtName.Text;
                string pwd = txtPwd.Text;
                //调用代码
                int type;
                ManagerInfoBll miBll=new ManagerInfoBll();
                LoginState loginState = miBll.Login(name, pwd,out type);
                switch (loginState)
                {
                    case LoginState.Ok:
                        FormMain main=new FormMain();
                        main.Tag = type;         //将员工级别传递过去
                        main.Show();
                        //将登录窗体隐藏
                        this.Hide();
                        break;
                    case LoginState.NameError:
                        MessageBox.Show("用户名错误");
                        break;
                    case LoginState.PwdError:
                        MessageBox.Show("密码错误");
                        break;
                }
            }
        }
    }
```

7.8.3 系统登录模块实现过程

该模块需要使用的数据表是 ManagerInfo。

系统登录模块的具体实现步骤如下:

(1) 新建一个 Windows 窗体, 命名为 FormLogin.cs, 主要用于实现系统的登录功能, 然后将相关控件添加到该窗体中。

(2) 由于餐厅管理系统使用 SQLite 作为后台数据库, 所以先要引用命名空间, 以便在程序中操作数据库, 关键代码如下:

```csharp
        using System.Data.SQLite;
```

在单击"登录"按钮之后, 登录模块首先判断是否输入了用户名和密码, 如果没有输入用户名和密码将弹出提示框, 提示用户输入登录系统的用户名和密码; 如果输入了用户名和密码，系统将判断输入的用户名和密码是否正确，关键代码如下：

```csharp
//登录方法
public LoginState Login(string name,string pwd,out int type)
{
    //设置 type 默认值，如果为此值时，不会使用
    type = -1;
    //根据用户名进行对象的查询
    ManagerInfo mi = miDal.GetByName(name);
    if (mi == null)
    {
        //用户名错
        return LoginState.NameError;
    }
    else
    {
        if (mi.MPwd.Equals(Md5Helper.EncryptString(pwd)))   //用户名正确
        {
            //密码正确，登录成功
            type = mi.MType;
            return LoginState.Ok;
        }
        else
        {
            //密码错误
            return LoginState.PwdError;
        }
    }
}
//根据用户名查找对象
public ManagerInfo GetByName(string name)
{
    //定义一个对象
    ManagerInfo mi = null;
    //构造语句
    tring sql = "select * from managerInfo where mname=@name";
    //为语句构造参数
    SQLiteParameter p=new SQLiteParameter("@name",name);
    //执行查询得到结果
    DataTable dt = SqliteHelper.GetDataTable(sql, p);
    //判断是否根据用户名查找到了对象
    if (dt.Rows.Count > 0)
    {
        //用户名是存在的
        mi=new ManagerInfo()
        {
            MId = Convert.ToInt32(dt.Rows[0][0]),
            MName = name,
            MPwd = dt.Rows[0][2].ToString(),
```

```
                MType =Convert.ToInt32( dt.Rows[0][3])
            };
        }
        else
        {
            //用户名不存在
        }
        return mi;
    }
```

当用户输入用户名和密码之后，单击"登录"按钮，实现的原理是，在单击"登录"按钮之后会触发"登录"按钮的 Click 事件，关键代码如下：

```
    private void btnLogin_Click(object sender, EventArgs e)
    {
    }
```

在单击"取消"按钮之后会触发"取消"按钮的 Click 事件，关键代码如下：

```
    private void btnClose_Click(object sender, EventArgs e)
    {
        this.Close();          //关闭当前窗体
    }
```

7.9 主界面模块设计

7.9.1 主界面模块概述

为了使系统整体看上去更加完善，页面布局更加简便，操作起来更加方便、快捷，所以设计一个主界面。主界面运行结果如图 7.8 所示。

图 7.8 主界面显示图

7.9.2 主界面模块技术分析

登录之后，会出现系统的主界面，在主界面中会出现六个不一样的图标，从左至右分别是管理员的信息管理、会员的信息管理、餐桌的信息管理、菜品的信息管理、结账操作和退出当前系统。在单击每一个图标的同时会触发相应的单击事件，弹出不同的操作界面。代码如下：

```csharp
using System;
using System.Collections.Generic;
using System.ComponentModel;
using System.Data;
using System.Drawing;
using System.Linq;
using System.Text;
using System.Threading.Tasks;
using System.Windows.Forms;
using System.Windows.Forms.VisualStyles;
using CaterBll;

namespace CaterUI
{
    public partial class FormMain : Form
    {
        public FormMain()
        {
            InitializeComponent();
        }
        OrderInfoBll oiBll = new OrderInfoBll();

        private void menuQuit_Click(object sender, EventArgs e)
        {
            Application.Exit();
        }

        private void FormMain_FormClosed(object sender, FormClosedEventArgs e)
        {
            //将当前应用程序退出，而不仅是关闭当前窗体
            Application.Exit();
        }

        private void FormMain_Load(object sender, EventArgs e)
        {
            //判断登录进来的员工的级别，以确定是否显示 menuManager 图标
            int type = Convert.ToInt32(this.Tag);
            if (type == 1)
            {
                //经理
            }
            else
            {
                //店员，管理员菜单不需要显示
```

```csharp
            menuManagerInfo.Visible = false;
        }

        //加载所有的厅包信息
        LoadHallInfo();
    }

    private void LoadHallInfo()
    {
        //2.1    获取所有的厅包对象
        HallInfoBll hiBll = new HallInfoBll();
        var list = hiBll.GetList();
        //2.2    遍历集合，向标签页中添加信息
        tcHallInfo.TabPages.Clear();
        TableInfoBll tiBll = new TableInfoBll();
        foreach (var hi in list)
        {
            //根据厅包对象创建标签页对象
            TabPage tp = new TabPage(hi.HTitle);

            //3.1    动态创建列表添加到标签页上
            ListView lvTableInfo = new ListView();
            //添加双击事件，完成开单功能
            lvTableInfo.DoubleClick += lvTableInfo_DoubleClick;

            //3.2    让列表使用图片
            lvTableInfo.LargeImageList = imageList1;
            lvTableInfo.Dock = DockStyle.Fill;
            tp.Controls.Add(lvTableInfo);

            //4.1    获取当前厅包对象的所有餐桌
            Dictionary<string, string> dic = new Dictionary<string, string>();
            dic.Add("thallid", hi.HId.ToString());
            var listTableInfo = tiBll.GetList(dic);

            //4.2    向列表中添加餐桌信息
            foreach (var ti in listTableInfo)
            {
                var lvi = new ListViewItem(ti.TTitle, ti.TIsFree ? 0 : 1);
                //后续操作需要用到餐桌编号，所以在这里存一下
                lvi.Tag = ti.TId;

                lvTableInfo.Items.Add(lvi);
            }

            //2.3    将标签页加入标签容器
```

```csharp
            tcHallInfo.TabPages.Add(tp);
        }
    }

    void lvTableInfo_DoubleClick(object sender, EventArgs e)
    {
        //获取被点的餐桌项
        var lv1 = sender as ListView;
        var lvi = lv1.SelectedItems[0];
        //获取餐桌编号
        int tableId = Convert.ToInt32(lvi.Tag);

        if (lvi.ImageIndex == 0)
        {
            //当前餐桌为空闲则开单
            //1  开单，向 OrderInfo 表插入数据
            //2  修改餐桌状态为占用
            int orderId= oiBll.KaiDan(tableId);
            lvi.Tag = orderId;

            //3   更新项的图标为占用
            lv1.SelectedItems[0].ImageIndex = 1;
        }
        else
        {
            //当前餐桌已经占用，则进行点菜操作
            lvi.Tag = oiBll.GetOrderIdByTableId(tableId);
        }

        //4    打开点菜窗体
        FormOrderDish formOrderDish=new FormOrderDish();
        formOrderDish.Tag = lvi.Tag;
        formOrderDish.Show();
    }

    private void menuManagerInfo_Click(object sender, EventArgs e)
    {
        //new FormManagerInfo();
        FormManagerInfo formManagerInfo = FormManagerInfo.Create();
        formManagerInfo.Show();
        formManagerInfo.Focus();        //将当前窗体获得焦点
        //如果是最小化的，则恢复到正常状态
        formManagerInfo.WindowState = FormWindowState.Normal;
    }

    private void menuMemberInfo_Click(object sender, EventArgs e)
```

```csharp
        {
            FormMemberInfo formMemberInfo = new FormMemberInfo();
            formMemberInfo.Show();
        }

        private void menuTableInfo_Click(object sender, EventArgs e)
        {
            FormTableInfo formTableInfo = new FormTableInfo();
            formTableInfo.Refresh += LoadHallInfo;
            formTableInfo.Show();
        }

        private void menuDishInfo_Click(object sender, EventArgs e)
        {
            FormDishInfo formDishInfo = new FormDishInfo();
            formDishInfo.Show();
        }

        private void menuOrder_Click(object sender, EventArgs e)
        {
            //先找到选中的标签页，再找到 listView，再找到选中的项，项中存储了餐桌编号
            //由餐桌编号查到订单编号
            var listView = tcHallInfo.SelectedTab.Controls[0] as ListView;
            var lvTable = listView.SelectedItems[0];
            if (lvTable.ImageIndex == 0)
            {
                MessageBox.Show("餐桌还未使用，无法结账");
                return;
            }
            int tableId = Convert.ToInt32(lvTable.Tag);
            int orderId = oiBll.GetOrderIdByTableId(tableId);

            //打开付款窗体
            FormOrderPay formOrderPay = new FormOrderPay();
            formOrderPay.Tag = orderId;
            formOrderPay.Refresh += LoadHallInfo;
            formOrderPay.Show();
        }
    }
}
```

7.9.3 主界面模块实现过程

该模块在单击不同的图标时会触发不同的 Click 事件，然后弹出对应的显示框图，因此在此模块中会用到所有的数据表。

系统主界面模块的具体实现步骤如下：

（1）新建一个 Windows 窗体，命名为 FormMain.cs，然后将相关控件添加到该窗体中。

（2）单击不同的图标触发不同的 Click 事件，具体过程如下：

1）在单击会员图标之后，会出现会员信息界面，如图 7.9 所示。

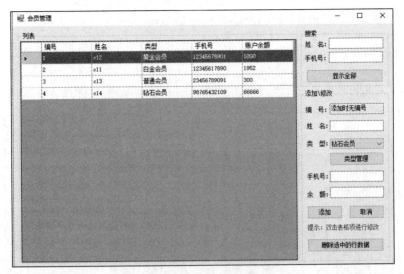

图 7.9　会员信息图

在单击会员图标后触发 Click 事件，然后弹出会员信息框图，代码如下：
```
private void menuMemberInfo_Click(object sender, EventArgs e)
{
    FormMemberInfo formMemberInfo = new FormMemberInfo();
    formMemberInfo.Show();
}
```

2）在单击餐桌管理图标之后，会出现餐桌信息界面，如图 7.10 所示。

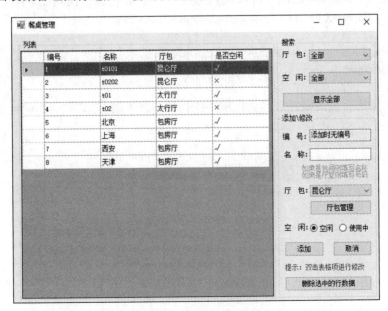

图 7.10　餐桌信息图

在单击餐桌图标后触发 Click 事件，然后弹出餐桌信息框图，代码如下：

```
private void menuTableInfo_Click(object sender, EventArgs e)
{
    FormTableInfo formTableInfo = new FormTableInfo();
    formTableInfo.Refresh += LoadHallInfo;
    formTableInfo.Show();
}
```

3）在单击菜品管理图标之后，会出现菜品信息界面，如图 7.11 所示。

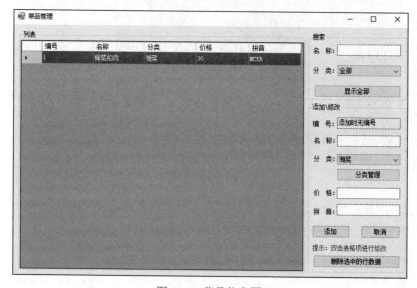

图 7.11　菜品信息图

在单击菜品图标后触发 Click 事件，然后弹出菜品信息框图，代码如下：
```
private void menuDishInfo_Click(object sender, EventArgs e)
{
    FormDishInfo formDishInfo = new FormDishInfo();
    formDishInfo.Show();
}
```

4）在单击结账付款图标之后，会出现结账付款信息界面，如图 7.12 所示。

图 7.12　结账付款信息图

在单击结账付款图标后触发 Click 事件，然后弹出结账付款信息框图，代码如下：

```csharp
private void menuOrder_Click(object sender, EventArgs e)
{
    //先找到选中的标签页，再找到 listView，再找到选中的项，项中存储了餐桌编号，由餐桌
    //编号查到订单编号
    var listView = tcHallInfo.SelectedTab.Controls[0] as ListView;
    var lvTable = listView.SelectedItems[0];
    if (lvTable.ImageIndex == 0)
    {
        MessageBox.Show("餐桌还未使用，无法结账");
        return;
    }
    int tableId = Convert.ToInt32(lvTable.Tag);
    int orderId = oiBll.GetOrderIdByTableId(tableId);
    //打开付款窗体
    FormOrderPay formOrderPay = new FormOrderPay();
    formOrderPay.Tag = orderId;
    formOrderPay.Refresh += LoadHallInfo;
    formOrderPay.Show();
}
```

5）在单击退出图标之后，会退出当前应用程序，代码如下：

```csharp
private void FormMain_FormClosed(object sender, FormClosedEventArgs e)
{
    //将当前应用程序退出，而不仅是关闭当前窗体
    Application.Exit();
}
```

7.10　店员信息模块设计

7.10.1　店员信息模块概述

此模块实现了对店员信息进行管理，在对店员信息进行管理的时候避免了采用纸质记录信息的传统方式，实现了对店员信息的现代化管理，从而使管理信息更加方便、快捷、安全，减少了人们的工作量。运行结果如图 7.13 所示。

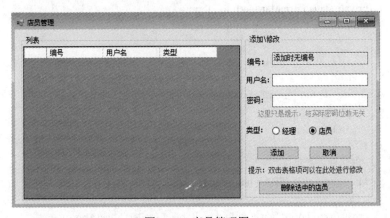

图 7.13　店员管理图

7.10.2 店员信息模块技术分析

该模块需要使用的数据表是 ManagerInfo。

店员信息模块的具体实现步骤如下:

(1) 新建一个 Windows 窗体,命名为 FormManagerInfo.cs,主要用于实现系统店员信息管理功能,然后将相关控件添加到该窗体中。

(2) 如图 7.13 所示,在"用户名"和"密码"所对应的文本框中输入用户名和密码,然后选择店员的类型,是"店员"还是"经理",然后单击"添加"按钮,此时就将店员的信息保存到数据库中,然后显示到左侧的控件中。代码如下:

```csharp
using System;
using System.Collections.Generic;
using System.ComponentModel;
using System.Data;
using System.Drawing;
using System.Linq;
using System.Text;
using System.Threading.Tasks;
using System.Windows.Forms;
using CaterBll;
using CaterModel;

namespace CaterUI
{
    public partial class FormManagerInfo : Form
    {
        private FormManagerInfo()
        {
            InitializeComponent();
        }

        //实现窗体的单例
        private static FormManagerInfo _form;
        public static FormManagerInfo Create()
        {
            if (_form == null)
            {
                _form=new FormManagerInfo();
            }
            return _form;
        }
        //创建业务逻辑层对象
        ManagerInfoBll miBll = new ManagerInfoBll();

        private void FormManagerInfo_Load(object sender, EventArgs e)
        {
```

```csharp
    //加载列表
    LoadList();
}

private void LoadList()
{
    //禁用列表的自动生成
    dgvList.AutoGenerateColumns = false;
    //调用方法获取数据，绑定到列表的数据源上
    dgvList.DataSource = miBll.GetList();
}

private void btnSave_Click(object sender, EventArgs e)
{
    //接收用户输入
    ManagerInfo mi = new ManagerInfo()
    {
        MName = txtName.Text,
        MPwd = txtPwd.Text,
        MType = rb1.Checked ? 1 : 0      //经理值为1，店员值为0
    };
    if (txtId.Text.Equals("添加时无编号"))
    {
        #region 添加
        //调用 BLL 的 Add 方法
        if (miBll.Add(mi))
        {
            //如果添加成功，则重新加载数据
            LoadList();
        }
        else
        {
            MessageBox.Show("添加失败，请稍后重试");
        }

        #endregion
    }
    else
    {
        #region 修改
        mi.MId = int.Parse(txtId.Text);
        if (miBll.Edit(mi))
        {
            LoadList();
        }
        #endregion
```

```csharp
    }
    //清除文本框中的值
    txtName.Text = "";
    txtPwd.Text = "";
    rb2.Checked = true;
    btnSave.Text = "添加";
    txtId.Text = "添加时无编号";
}

private void dgvList_CellFormatting(object sender, DataGridViewCellFormattingEventArgs e)
{
    //对类型列进行格式化处理
    if (e.ColumnIndex == 2)
    {
        //根据类型判断内容
        e.Value = Convert.ToInt32(e.Value) == 1 ? "经理" : "店员";
    }
}

private void dgvList_CellDoubleClick(object sender, DataGridViewCellEventArgs e)
{
    //根据当前点击的单元格找到行与列进行赋值
    //根据索引找到行
    DataGridViewRow row = dgvList.Rows[e.RowIndex];
    //找到对应的列
    txtId.Text = row.Cells[0].Value.ToString();
    txtName.Text = row.Cells[1].Value.ToString();
    if (row.Cells[2].Value.ToString().Equals("1"))
    {
        rb1.Checked = true;       //值为1，则经理选中
    }
    else
    {
        rb2.Checked = true;       //如果为0，则店员选中
    }
    //指定密码的值
    txtPwd.Text = "这是原来的密码吗？";

    btnSave.Text = "修改";
}

private void btnCancel_Click(object sender, EventArgs e)
{
    txtId.Text = "添加时无编号";
    txtName.Text = "";
```

```csharp
            txtPwd.Text = "";
            rb2.Checked = true;
            btnSave.Text = "添加";
        }

        private void btnRemove_Click(object sender, EventArgs e)
        {
            //获取选中的行
            var rows = dgvList.SelectedRows;
            if (rows.Count > 0)
            {
                //删除前的确认提示
                DialogResult result= MessageBox.Show("确定要删除吗？", "提示",
                                MessageBoxButtons.OKCancel);
                if (result == DialogResult.Cancel)
                {
                    //用户取消删除
                    return;
                }

                //获取选中行的编号
                int id = int.Parse(rows[0].Cells[0].Value.ToString());
                //调用删除的操作
                if (miBll.Remove(id))
                {
                    //删除成功，重新加载数据
                    LoadList();
                }
            }
            else
            {
                MessageBox.Show("请先选择要删除的行");
            }
        }

        private void FormManagerInfo_FormClosing(object sender, FormClosingEventArgs e)
        {
            //与单例保持一致
            //出现这种代码的原因：Form 的 close()会释放当前窗体对象
            _form = null;
        }
    }
}
```

7.10.3 店员信息模块实现过程

该模块需要使用的数据表是 ManagerInfo。

店员信息模块的具体实现步骤如下：

（1）新建一个 Windows 窗体，命名为 FormManager Info.cs，主要用于实现对店员信息管理的功能，然后将相关控件添加到该窗体中。

（2）将所要添加的店员信息添加到指定的文本框中，选择好店员的类型，单击"添加"按钮，触发 Click 事件，然后将数据添加到数据库表中，再进行显示。也可选择相关店员信息，单击"删除选中的店员"按钮，触发其相关事件，然后将该店员信息删除。主要代码如下：

1）单击"添加"按钮的实现过程。

```csharp
private void btnSave_Click(object sender, EventArgs e)
{
    //接收用户输入
    ManagerInfo mi = new ManagerInfo()
    {
        MName = txtName.Text,
        MPwd = txtPwd.Text,
        MType = rb1.Checked ? 1 : 0       //经理值为 1，店员值为 0
    };
    if (txtId.Text.Equals("添加时无编号"))
    {
        #region 添加
        //调用 BLL 的 Add 方法
        if (miBll.Add(mi))
        {
            //如果添加成功，则重新加载数据
            LoadList();
        }
        else
        {
            MessageBox.Show("添加失败，请稍后重试");
        }
        #endregion
    }
    else
    {
        #region 修改
        mi.MId = int.Parse(txtId.Text);
        if (miBll.Edit(mi))
        {
            LoadList();
        }
        #endregion
    }

    //清除文本框中的值
```

```csharp
            txtName.Text = "";
            txtPwd.Text = "";
            rb2.Checked = true;
            btnSave.Text = "添加";
            txtId.Text = "添加时无编号";
        }

        //调用 BLL 层的 Add 方法，完成添加操作
        public bool Add(ManagerInfo mi)
        {
            //调用 DAL 层的 Insert 方法，完成插入操作
            return miDal.Insert(mi) > 0;
        }

        //调用 DAL 层的 Insert 方法，完成插入操作
        public int Insert(ManagerInfo mi)
        {
            //构造 insert 语句
            string sql = "insert into ManagerInfo(mname,mpwd,mtype)values(@name,@pwd,@type)";
            //构造 SQL 语句的参数
            SQLiteParameter[] ps =          //使用数组初始化器
            {
                new SQLiteParameter("@name", mi.MName),
                //将密码进行 MD5 加密
                new SQLiteParameter("@pwd", Md5Helper.EncryptString(mi.MPwd)),
                new SQLiteParameter("@type", mi.MType)
            };

            //执行插入操作
            return SqliteHelper.ExecuteNonQuery(sql, ps);
        }
```

2）单击"删除选中的店员"按钮的实现过程。

```csharp
        private void btnRemove_Click(object sender, EventArgs e)
        {
            //获取选中的行
            var rows = dgvList.SelectedRows;
            if (rows.Count > 0)
            {
                //删除前的确认提示
                DialogResult result= MessageBox.Show("确定要删除吗？", "提示",
                            MessageBoxButtons.OKCancel);
                if (result == DialogResult.Cancel)
                {
```

```csharp
            //用户取消删除
            return;
        }
        //获取选中行的编号
        int id = int.Parse(rows[0].Cells[0].Value.ToString());
        //调用删除的操作
        if (miBll.Remove(id))
        {
            //删除成功，重新加载数据
            LoadList();
        }
    }
    else
    {
        MessageBox.Show("请先选择要删除的行");
    }
}


//调用 BLL 中的删除操作
public bool Remove(int id)
{
    return miDal.Delete(id) > 0;
}


//调用 DAL 中的 Delete 方法
public int Delete(int id)
{
    //构造删除的 SQL 语句
    string sql = "delete from ManagerInfo where mid=@id";
    //根据语句构造参数
    SQLiteParameter p=new SQLiteParameter("@id",id);
    //执行操作
    return SqliteHelper.ExecuteNonQuery(sql, p);
}
```

7.11 会员信息模块设计

7.11.1 会员信息模块概述

此模块是对会员的信息进行统一管理，如会员的姓名、类型、手机号、账户余额等，每位会员可以通过自己的账户余额进行支付操作，根据每位会员的类型不同，如普通会员、黄金会员、白金会员、钻石会员等，在结算时进行不同程度的折扣优惠。会员信息模块运行结果如图 7.14 所示。

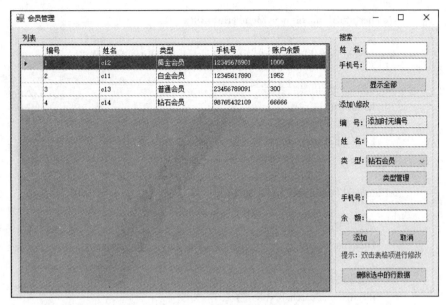

图 7.14 会员信息管理图

7.11.2 会员信息模块技术分析

在会员管理窗体中，通过"姓名"和"手机号"所对应文本框中的内容就可以对会员信息进行查询，然后在左侧进行显示。通过"添加\修改"功能，可以实现添加或修改会员信息，如会员的姓名、手机号、会员类型、余额等。也可以通过单击"删除选中的行数据"按钮将所选中行的数据删除。具体代码如下：

```csharp
using System;
using System.Collections.Generic;
using System.ComponentModel;
using System.Data;
using System.Drawing;
using System.Linq;
using System.Text;
using System.Threading.Tasks;
using System.Windows.Forms;
using CaterBll;
using CaterModel;

namespace CaterUI
{
    public partial class FormMemberInfo : Form
    {
        public FormMemberInfo()
        {
            InitializeComponent();
```

```csharp
}

MemberInfoBll miBll=new MemberInfoBll();

private void FormMemberInfo_Load(object sender, EventArgs e)
{
    //加载会员信息
    LoadList();
    //加载会员分类信息
    LoadTypeList();
}

private void LoadList()
{
    //使用键值对存储条件
    Dictionary<string,string> dic=new Dictionary<string, string>();

    //收集用户名信息
    if (txtNameSearch.Text != "")
    {
        //需要根据名称搜索
        dic.Add("mname",txtNameSearch.Text);
    }
    //收集电话信息
    if (txtPhoneSearch.Text != "")
    {
        dic.Add("MPhone",txtPhoneSearch.Text);
    }

    //根据条件进行查询
    dgvList.AutoGenerateColumns = false;
    dgvList.DataSource = miBll.GetList(dic);

    //设置某行选中
    if (dgvSelectedIndex > -1)
    {
        dgvList.Rows[dgvSelectedIndex].Selected = true;
    }
}

private void LoadTypeList()
{
    MemberTypeInfoBll mtiBll=new MemberTypeInfoBll();
    List<MemberTypeInfo> list = mtiBll.GetList();

    ddlType.DataSource = list;
```

```csharp
    //设置显示值
    ddlType.DisplayMember = "mtitle";
    //设置 value 值
    ddlType.ValueMember = "mid";
}

private void txtNameSearch_TextChanged(object sender, EventArgs e)
{
    //内容改变事件
    LoadList();
}

private void txtPhoneSearch_Leave(object sender, EventArgs e)
{
    //失去焦点事件
    LoadList();
}

private void btnSearchAll_Click(object sender, EventArgs e)
{
    txtNameSearch.Text = "";
    txtPhoneSearch.Text = "";
    LoadList();
}

private void btnSave_Click(object sender, EventArgs e)
{
    //值的有效性判断
    if (txtNameAdd.Text == "")
    {
        MessageBox.Show("请输入会员姓名");
        txtNameAdd.Focus();
        return;
    }

    //接收用户输入的数据
    MemberInfo mi=new MemberInfo()
    {
        MName = txtNameAdd.Text,
        MPhone = txtPhoneAdd.Text,
        MMoney = Convert.ToDecimal(txtMoney.Text),
        MTypeId = Convert.ToInt32(ddlType.SelectedValue)
    };

    if (txtId.Text.Equals("添加时无编号"))
    {
```

```csharp
            #region  添加
            if (miBll.Add(mi))
            {
                LoadList();
            }
            else
            {
                MessageBox.Show("添加失败,请稍后重试");
            }
            #endregion
        }
        else
        {
            #region  修改
            mi.MId = int.Parse(txtId.Text);
            if (miBll.Edit(mi))
            {
                LoadList();
            }
            else
            {
                MessageBox.Show("修改失败,请稍后重试");
            }

            #endregion
        }

        //恢复控件的值
        txtId.Text = "添加时无编号";
        txtNameAdd.Text = "";
        txtPhoneAdd.Text = "";
        txtMoney.Text = "";
        ddlType.SelectedIndex = 0;
        btnSave.Text = "添加";
    }

    private void btnCancel_Click(object sender, EventArgs e)
    {
        //恢复控件的值
        txtId.Text = "添加时无编号";
        txtNameAdd.Text = "";
        txtPhoneAdd.Text = "";
        txtMoney.Text = "";
        ddlType.SelectedIndex = 0;
        btnSave.Text = "添加";
    }
```

```csharp
private int dgvSelectedIndex = -1;

private void dgvList_CellDoubleClick(object sender, DataGridViewCellEventArgs e)
{
    dgvSelectedIndex = e.RowIndex;
    //获取点击的行
    var row = dgvList.Rows[e.RowIndex];
    //将行中的数据显示到控件上
    txtId.Text = row.Cells[0].Value.ToString();
    txtNameAdd.Text = row.Cells[1].Value.ToString();
    ddlType.Text = row.Cells[2].Value.ToString();
    txtPhoneAdd.Text = row.Cells[3].Value.ToString();
    txtMoney.Text = row.Cells[4].Value.ToString();
    btnSave.Text = "修改";
}

private void btnRemove_Click(object sender, EventArgs e)
{

    //获取选中项的编号
    int id = Convert.ToInt32(dgvList.SelectedRows[0].Cells[0].Value);
    //先提示确认
    DialogResult result = MessageBox.Show("确定要删除吗？", "提示",
                                    MessageBoxButtons.OKCancel);
    if (result == DialogResult.Cancel)
    {
        return;
    }
    if (miBll.Remove(id))
    {
        LoadList();
    }
    else
    {
        MessageBox.Show("删除失败，请稍后重试");
    }
}

private void btnAddType_Click(object sender, EventArgs e)
{
    FormMemberTypeInfo formMti=new FormMemberTypeInfo();
    //以模态窗口打开分类管理
    DialogResult result= formMti.ShowDialog();
    //根据返回的值判断是否要更新下拉列表
    if (result == DialogResult.OK)
    {
```

```
                    LoadTypeList();
                    LoadList();
                }
            }
        }
    }
```

7.11.3　会员信息模块实现过程

该模块需要使用的数据表是 MemberInfo 和 Member TypeInfo。

会员信息模块的具体实现步骤如下：

（1）新建一个 Windows 窗体，命名为 FormMemberInfo.cs，主要用于实现会员信息管理的功能，然后将相关控件添加到该窗体中。窗体如图 7.15 所示。

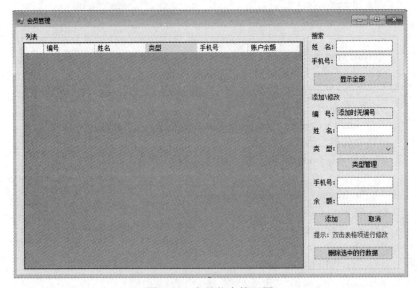

图 7.15　会员信息管理图

（2）新建一个 Windows 窗体，命名为 FormMemberTypeInfo.cs，然后将相关控件添加到该窗体中，主要用于实现会员类型管理功能。窗体如图 7.16 所示。

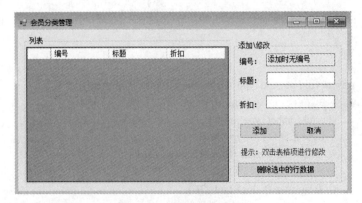

图 7.16　会员类型管理图

(3) 在会员信息管理的"搜索"功能中添加相关姓名和手机号，然后单击"显示全部"按钮进行会员信息查询，代码如下：

```csharp
//单击按钮触发 Click 事件
private void btnSearchAll_Click(object sender, EventArgs e)
{
    txtNameSearch.Text = "";
    txtPhoneSearch.Text = "";
    LoadList();
}

//调用 LoadList()方法
private void LoadList()
{
    //使用键值对存储条件
    Dictionary<string,string> dic=new Dictionary<string, string>();

    //收集用户名信息
    if (txtNameSearch.Text != "")
    {
        //需要根据名称搜索
        dic.Add("mname",txtNameSearch.Text);
    }
    //收集电话信息
    if (txtPhoneSearch.Text != "")
    {
        dic.Add("MPhone",txtPhoneSearch.Text);
    }
    //根据条件进行查询
    dgvList.AutoGenerateColumns = false;
    dgvList.DataSource = miBll.GetList(dic);
    //设置某行选中
    if (dgvSelectedIndex > -1)
    {
        dgvList.Rows[dgvSelectedIndex].Selected = true;
    }
}

//根据条件进行查询，调用 BLL 层的 GetList()方法
public List<MemberInfo> GetList(Dictionary<string,string> dic)
{
    return miDal.GetList(dic);
}

//调用 DAL 层的 GetList()方法进行查询
public List<MemberInfo> GetList(Dictionary<string,string> dic)
{
```

```csharp
//连接查询，得到会员类型的名字
string sql = "select mi.*,mti.mTitle as MTypeTitle,mti.mDiscount " +
    "from MemberInfo as mi " +
    "inner join MemberTypeInfo as mti " +
    "on mi.mTypeId=mti.mid " +
    "where mi.mIsDelete=0 and mti.mIsDelete=0";
// +"and mname like '%sadf%'";

List<SQLiteParameter> listP=new List<SQLiteParameter>();
//拼接条件
if (dic.Count > 0)
{
    foreach (var pair in dic)
    {
        //" and mname like @mname"
        sql += " and mi." + pair.Key + " like @"+pair.Key;
        //@mname,'%abc%'
        listP.Add(new SQLiteParameter("@"+pair.Key,"%"+pair.Value+"%"));
    }
}

//执行得到结果集
DataTable dt = SqliteHelper.GetDataTable(sql,listP.ToArray());
//定义list，完成转存
List<MemberInfo> list=new List<MemberInfo>();

foreach (DataRow row in dt.Rows)
{
    list.Add(new MemberInfo()
    {
        MId = Convert.ToInt32(row["mid"]),
        MName = row["mname"].ToString(),
        MPhone = row["mphone"].ToString(),
        MMoney = Convert.ToDecimal(row["mmoney"]),
        MTypeId = Convert.ToInt32(row["MTypeId"]),
        MTypeTitle =row["MTypeTitle"].ToString(),
        MDiscount = Convert.ToDecimal(row["mDiscount"])
    });
}
return list;
}
```

（4）在会员管理信息的"添加\修改"选项中，将会员的姓名、类型、手机号、余额填写到对应的文本框中，然后单击"添加"按钮进行会员信息的添加，代码如下：

```csharp
private void btnSave_Click(object sender, EventArgs e)
{
    //值的有效性判断
```

```csharp
if (txtNameAdd.Text == "")
{
    MessageBox.Show("请输入会员姓名");
    txtNameAdd.Focus();
    return;
}

//接收用户输入的数据
MemberInfo mi=new MemberInfo()
{
    MName = txtNameAdd.Text,
    MPhone = txtPhoneAdd.Text,
    MMoney = Convert.ToDecimal(txtMoney.Text),
    MTypeId = Convert.ToInt32(ddlType.SelectedValue)
};

if (txtId.Text.Equals("添加时无编号"))
{
    #region 添加
    if (miBll.Add(mi))
    {
        LoadList();
    }
    else
    {
        MessageBox.Show("添加失败，请稍后重试");
    }
    #endregion
}
else
{
    #region 修改
    mi.MId = int.Parse(txtId.Text);
    if (miBll.Edit(mi))
    {
        LoadList();
    }
    else
    {
        MessageBox.Show("修改失败，请稍后重试");
    }
    #endregion
}

//恢复控件的值
txtId.Text = "添加时无编号";
```

```csharp
            txtNameAdd.Text = "";
            txtPhoneAdd.Text = "";
            txtMoney.Text = "";
            ddlType.SelectedIndex = 0;
            btnSave.Text = "添加";
        }

        //调用 BLL 层,MemberInfo 中的 Add 方法
        public bool Add(MemberInfo mi)
        {
            return miDal.Insert(mi) > 0;
        }

        //调用 DAL 层,MemberInfo 中的 Insert 方法
        public int Insert(MemberInfo mi)
        {
            //构造 insert 语句
            string sql = "insert into memberinfo(mtypeid,mname,mphone,mmoney,misDelete) values(@tid,@name,@phone,@money,0)";
            //为语句构造参数
            SQLiteParameter[] ps =
            {
                new SQLiteParameter("@tid", mi.MTypeId),
                new SQLiteParameter("@name", mi.MName),
                new SQLiteParameter("@phone", mi.MPhone),
                new SQLiteParameter("@money", mi.MMoney)
            };
            //执行并返回结果
            return SqliteHelper.ExecuteNonQuery(sql, ps);
        }
```

(5)单击"删除选中的行数据"按钮,触发相应的 Click 事件,对所选中的会员信息进行删除,代码如下:

```csharp
        private void btnRemove_Click(object sender, EventArgs e)
        {

            //获取选中项的编号
            int id = Convert.ToInt32(dgvList.SelectedRows[0].Cells[0].Value);
            //先提示确认
            DialogResult result = MessageBox.Show("确定要删除吗? ", "提示", MessageBoxButtons.OKCancel);
            if (result == DialogResult.Cancel)
            {
                return;
            }
            if (miBll.Remove(id))
```

```csharp
            {
                LoadList();
            }
            else
            {
                MessageBox.Show("删除失败，请稍后重试");
            }
        }

        //调用 BLL 层，MemberInfo 中的 Remove 方法
        public bool Remove(int id)
        {
            return miDal.Delete(id) > 0;
        }

        //调用 DAL 层，MemberInfo 中的 Delete 方法
        public int Delete(int id)
        {
            string sql = "update memberinfo set mIsDelete=1 where mid=@id";
            SQLiteParameter p=new SQLiteParameter("@id",id);
            return SqliteHelper.ExecuteNonQuery(sql, p);
        }
```

（6）在单击"类型管理"按钮后，触发相应的 Click 事件，弹出会员类型窗体，代码如下：

```csharp
        private void btnAddType_Click(object sender, EventArgs e)
        {
             FormMemberTypeInfo formMti=new FormMemberTypeInfo();
            //以模态窗口打开分类管理
            DialogResult result= formMti.ShowDialog();
            //根据返回的值判断是否要更新下拉列表
            if (result == DialogResult.OK)
            {
                LoadTypeList();
                LoadList();
            }
        }
```

（7）会员分类管理，主要实现对会员等级的划分功能，从而在结算时可以有不同程度的折扣。FormMemberTypeInfo 窗体的代码如下：

```csharp
        using System;
        using System.Collections.Generic;
        using System.ComponentModel;
        using System.Data;
        using System.Drawing;
        using System.Linq;
        using System.Text;
        using System.Threading.Tasks;
        using System.Windows.Forms;
```

```csharp
using CaterBll;
using CaterModel;

namespace CaterUI
{
    public partial class FormMemberTypeInfo : Form
    {
        public FormMemberTypeInfo()
        {
            InitializeComponent();
        }
        //调用业务逻辑层对象
        MemberTypeInfoBll mtiBll = new MemberTypeInfoBll();
        private DialogResult result = DialogResult.Cancel;
        private void FormMemberTypeInfo_Load(object sender, EventArgs e)
        {
            LoadList();
        }

        private void LoadList()
        {
            //禁止自动生成列
            dgvList.AutoGenerateColumns = false;
            //指定数据源为查询结果
            dgvList.DataSource = mtiBll.GetList();
        }

        private void btnSave_Click(object sender, EventArgs e)
        {
            //接收用户输入的值，构造对象
            MemberTypeInfo mti = new MemberTypeInfo()
            {
                MTitle = txtTitle.Text,
                MDiscount = Convert.ToDecimal( txtDiscount.Text)
            };

            if (txtId.Text.Equals("添加时无编号"))
            {
                //添加
                //调用添加方法
                if (mtiBll.Add(mti))
                {
                    LoadList();
                }
                else
                {
```

```csharp
                    MessageBox.Show("添加失败,请稍后重试");
                }
            }
            else
            {
                //修改
                mti.MId = int.Parse(txtId.Text);
                //调用修改的方法
                if (mtiBll.Edit(mti))
                {
                    LoadList();
                }
                else
                {
                    MessageBox.Show("修改失败,请稍后重试");
                }
            }
            //将控件还原
            txtId.Text = "添加时无编号";
            txtTitle.Text = "";
            txtDiscount.Text = "";
            btnSave.Text = "添加";
            result = DialogResult.OK;
        }

        private void btnCancel_Click(object sender, EventArgs e)
        {
            //将控件还原
            txtId.Text = "添加时无编号";
            txtTitle.Text = "";
            txtDiscount.Text = "";
            btnSave.Text = "添加";
        }

        private void dgvList_CellDoubleClick(object sender, DataGridViewCellEventArgs e)
        {
            //获取点击的行
            var row = dgvList.Rows[e.RowIndex];
            //将行中列的值赋给文本框
            txtId.Text = row.Cells[0].Value.ToString();
            txtTitle.Text = row.Cells[1].Value.ToString();
            txtDiscount.Text = row.Cells[2].Value.ToString();
            btnSave.Text = "修改";
        }

        private void btnRemove_Click(object sender, EventArgs e)
```

```csharp
        {
            //获取选中行的编号
            var row = dgvList.SelectedRows[0];
            int id = Convert.ToInt32(row.Cells[0].Value);
            //确认
            DialogResult result= MessageBox.Show("确定要删除吗？", "提示",
                    MessageBoxButtons.OKCancel);
            if (result == DialogResult.Cancel)
            {
                return;
            }
            //进行删除
            if (mtiBll.Remove(id))
            {
                LoadList();
            }
            else
            {
                MessageBox.Show("删除失败，请稍后重试");
            }
            this.result = DialogResult.OK;
        }

        private void FormMemberTypeInfo_FormClosing(object sender,FormClosingEventArgs e)
        {
            this.DialogResult = result;
        }
    }
}
```

（8）在会员分类管理中，单击"添加"按钮，对会员的类型及其所享有的折扣信息进行添加，代码如下：

```csharp
        private void btnSave_Click(object sender, EventArgs e)
        {
            //接收用户输入的值，构造对象
            MemberTypeInfo mti = new MemberTypeInfo()
            {
                MTitle = txtTitle.Text,
                MDiscount = Convert.ToDecimal( txtDiscount.Text)
            };

            if (txtId.Text.Equals("添加时无编号"))
            {
                //添加
                if (mtiBll.Add(mti))
                {
                    LoadList();
```

```csharp
            }
            else
            {
                MessageBox.Show("添加失败,请稍后重试");
            }
        }
        else
        {
            //修改
            mti.MId = int.Parse(txtId.Text);
            //调用修改的方法
            if (mtiBll.Edit(mti))
            {
                LoadList();
            }
            else
            {
                MessageBox.Show("修改失败,请稍后重试");
            }
        }
        //将控件还原
        txtId.Text = "添加时无编号";
        txtTitle.Text = "";
        txtDiscount.Text = "";
        btnSave.Text = "添加";
        result = DialogResult.OK;
}

//调用 BLL 层,MemberTypeInfo 中的 Add 方法
public bool Add(MemberTypeInfo mti)
{
    return mtiDal.Insert(mti) > 0;
}

//调用 DAL 层,MemberTypeInfo 中的 Insert 方法
public int Insert(MemberTypeInfo mti)
{
    //构造 insert 语句
    string sql = "insert into MemberTypeInfo(mtitle,mdiscount,misDelete)values(@title,@discount,0)";
    //为 sql 语句构造参数
    SQLiteParameter[] ps =
    {
        new SQLiteParameter("@title",mti.MTitle),
        new SQLiteParameter("@discount",mti.MDiscount)
    };
    //执行
```

```csharp
        return SqliteHelper.ExecuteNonQuery(sql, ps);
    }
```

（9）在会员分类管理中，单击"删除选中的行数据"按钮，对所选中的会员信息进行删除，代码如下：

```csharp
private void btnRemove_Click(object sender, EventArgs e)
{
    //获取选中行的编号
    var row = dgvList.SelectedRows[0];
    int id = Convert.ToInt32(row.Cells[0].Value);
    //确认
    DialogResult result= MessageBox.Show("确定要删除吗？", "提示",
            MessageBoxButtons.OKCancel);
    if (result == DialogResult.Cancel)
    {
        return;
    }
    if (mtiBll.Remove(id))
    {
        LoadList();
    }
    else
    {
        MessageBox.Show("删除失败，请稍后重试");
    }
    this.result = DialogResult.OK;
}

//调用 BLL 层，MemberTypeInfo 中的 Remove 方法
public bool Remove(int id)
{
    return mtiDal.Delete(id) > 0;
}

//调用 DAL 层，MemberTypeInfo 中的 Delete 方法
public int Delete(int id)
{
    //进行逻辑删除的 sql 语句
    string sql = "update memberTypeInfo set mIsDelete=1 where mid=@id";
    //参数
    SQLiteParameter p=new SQLiteParameter("@id",id);
    //执行并返回受影响行数
    return SqliteHelper.ExecuteNonQuery(sql, p);
}
```

7.12 餐桌管理模块设计

7.12.1 餐桌管理模块概述

此模块是对餐桌信息进行统一管理,从而减少人们不必要的劳动,简化操作流程,使管理更加方便、快捷,减少了在预定餐桌过程中可能出现重复预定的情况,极大地为人们提供了便利。餐桌管理运行结果如图 7.17 所示。

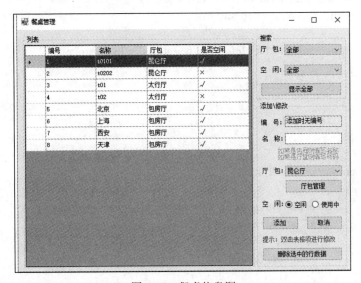

图 7.17　餐桌信息图

7.12.2 餐桌管理模块技术分析

在餐桌管理模块中,可通过"搜索"功能查询当前的厅包以及空闲的餐桌信息并将其显示在左侧。可通过"添加\修改"功能添加当前厅包信息,以及查询其是否在使用中。也可通过单击"删除所选中的行数据"按钮将所选中的数据进行删除。餐桌管理模块窗体的代码如下:

```
using System;
using System.Collections.Generic;
using System.ComponentModel;
using System.Data;
using System.Drawing;
using System.Linq;
using System.Text;
using System.Threading.Tasks;
using System.Windows.Forms;
using CaterBll;
using CaterModel;
```

```csharp
namespace CaterUI
{
    public partial class FormTableInfo : Form
    {
        public FormTableInfo()
        {
            InitializeComponent();
        }

        private TableInfoBll tiBll=new TableInfoBll();
        public event Action Refresh;

        private void FormTableInfo_Load(object sender, EventArgs e)
        {
            LoadSearchList();

            LoadList();
        }

        private void LoadList()
        {
            Dictionary<string,string> dic=new Dictionary<string, string>();
            if (ddlHallSearch.SelectedIndex > 0)
            {
                dic.Add("tHallId",ddlHallSearch.SelectedValue.ToString());
            }
            if (ddlFreeSearch.SelectedIndex > 0)
            {
                dic.Add("tIsFree",ddlFreeSearch.SelectedValue.ToString());
            }

            dgvList.AutoGenerateColumns = false;
            dgvList.DataSource = tiBll.GetList(dic);
        }

        private void LoadSearchList()
        {
            HallInfoBll hiBll=new HallInfoBll();
            var list = hiBll.GetList();

            list.Insert(0,new HallInfo()
            {
                HId = 0,
                HTitle = "全部"
            });
            ddlHallSearch.DataSource = list;
```

```csharp
    ddlHallSearch.ValueMember = "hid";
    ddlHallSearch.DisplayMember = "htitle";

    ddlHallAdd.DataSource = hiBll.GetList();
    ddlHallAdd.ValueMember = "hid";
    ddlHallAdd.DisplayMember = "htitle";

    List<DdlModel> listDdl =new List<DdlModel>()
    {
        new DdlModel("-1","全部"),
        new DdlModel("1","空闲"),
        new DdlModel("0","使用中")
    };
    ddlFreeSearch.DataSource = listDdl;
    ddlFreeSearch.ValueMember = "id";
    ddlFreeSearch.DisplayMember = "title";
}

private void dgvList_CellFormatting(object sender,DataGridViewCellFormattingEventArgs e)
{
    if (e.ColumnIndex == 3)
    {
        e.Value = Convert.ToBoolean(e.Value) ? "√" : "×";
    }
}

private void ddlHallSearch_SelectedIndexChanged(object sender, EventArgs e)
{
    LoadList();
}

private void ddlFreeSearch_SelectedIndexChanged(object sender, EventArgs e)
{
    LoadList();
}

private void btnSearchAll_Click(object sender, EventArgs e)
{
    ddlHallSearch.SelectedIndex = 0;
    ddlFreeSearch.SelectedIndex = 0;
    LoadList();
}

private void btnSave_Click(object sender, EventArgs e)
{
    //接收用户值，构造对象
```

```csharp
            TableInfo ti=new TableInfo()
            {
                TTitle = txtTitle.Text,
                THallId = Convert.ToInt32(ddlHallAdd.SelectedValue),
                TIsFree = rbFree.Checked
            };

            if (txtId.Text == "添加时无编号")
            {
                #region  添加
                if (tiBll.Add(ti))
                {
                    LoadList();
                }
                #endregion
            }
            else
            {
                #region  修改
                ti.TId = int.Parse(txtId.Text);
                if (tiBll.Edit(ti))
                {
                    LoadList();
                }
                #endregion
            }

            //恢复控件值
            txtId.Text = "添加时无编号";
            txtTitle.Text = "";
            ddlHallAdd.SelectedIndex = 0;
            rbFree.Checked = true;
            btnSave.Text = "添加";

            Refresh();
        }

        private void btnCancel_Click(object sender, EventArgs e)
        {
            //恢复控件值
            txtId.Text = "添加时无编号";
            txtTitle.Text = "";
            ddlHallAdd.SelectedIndex = 0;
            rbFree.Checked = true;
            btnSave.Text = "添加";
        }
```

```csharp
private void dgvList_CellDoubleClick(object sender, DataGridViewCellEventArgs e)
{
    var row = dgvList.Rows[e.RowIndex];
    txtId.Text = row.Cells[0].Value.ToString();
    txtTitle.Text = row.Cells[1].Value.ToString();
    ddlHallAdd.Text = row.Cells[2].Value.ToString();
    if (Convert.ToBoolean(row.Cells[3].Value))
    {
        rbFree.Checked = true;
    }
    else
    {
        rbUnFree.Checked = true;
    }
    btnSave.Text = "修改";
}

private void btnRemove_Click(object sender, EventArgs e)
{
    int id = Convert.ToInt32(dgvList.SelectedRows[0].Cells[0].Value);
    DialogResult result = MessageBox.Show("确定要删除吗？", "提示",
            MessageBoxButtons.OKCancel);
    if (result == DialogResult.OK)
    {
        if (tiBll.Remove(id))
        {
            LoadList();
        }
    }

    Refresh();
}

private void btnAddHall_Click(object sender, EventArgs e)
{
    FormHallInfo formHallInfo=new FormHallInfo();
    formHallInfo.MyUpdateForm += LoadSearchList;
    formHallInfo.MyUpdateForm += LoadList;
    formHallInfo.Show();
}
```

7.12.3　餐桌管理模块实现过程

该模块需要使用的数据表是 TableInfo 和 HallInfo。

餐桌管理模块的具体实现步骤如下：

（1）新建一个 Windows 窗体，命名为 FormTableInfo.cs，主要用于实现餐桌管理的功能，然后将相关控件添加到该窗体中。窗体如图 7.18 所示。

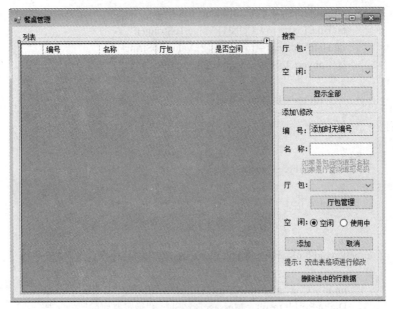

图 7.18　餐桌管理图

（2）新建一个 Windows 窗体，命名为 FormHallInfo.cs，然后将相关控件添加到该窗体中，主要用于实现餐厅厅包的管理功能。窗体如图 7.19 所示。

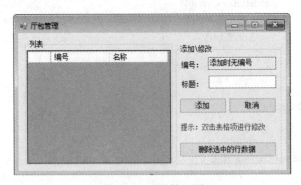

图 7.19　厅包管理图

（3）在餐桌管理的"搜索"功能区选择厅包以及是否空闲的信息，然后单击"显示全部"按钮进行餐桌信息查询，代码如下：

```
//单击"显示全部"按钮，触发相应的 Click 事件
private void btnSearchAll_Click(object sender, EventArgs e)
{
    ddlHallSearch.SelectedIndex = 0;
    ddlFreeSearch.SelectedIndex = 0;
    LoadList();
```

```csharp
}
//调用 LoadList()方法进行加载查询
private void LoadList()
{
    Dictionary<string,string> dic=new Dictionary<string, string>();
    if (ddlHallSearch.SelectedIndex > 0)
    {
        dic.Add("tHallId",ddlHallSearch.SelectedValue.ToString());
    }
    if (ddlFreeSearch.SelectedIndex > 0)
    {
        dic.Add("tIsFree",ddlFreeSearch.SelectedValue.ToString());
    }

    dgvList.AutoGenerateColumns = false;
    dgvList.DataSource = tiBll.GetList(dic);
}

//调用 BLL 层的 GetList 方法
public List<TableInfo> GetList(Dictionary<string,string> dic)
{
    return tiDal.GetList(dic);
}

//调用 DAL 层的 GetList 方法，并将查询结果返回
public List<TableInfo> GetList(Dictionary<string,string> dic)
{
    string sql = "select ti.*,hi.hTitle from tableinfo as ti " +
    "inner join hallinfo as hi " +
    "on ti.tHallId=hi.hid " +
    "where ti.tisDelete=0 and hi.hIsDelete=0";
    List<SQLiteParameter> listP=new List<SQLiteParameter>();
    if (dic.Count > 0)
    {
        foreach (var pair in dic)
        {
            sql += " and " + pair.Key + "=@" + pair.Key;
            listP.Add(new SQLiteParameter("@"+pair.Key,pair.Value));
        }
    }

    DataTable dt = SqliteHelper.GetDataTable(sql,listP.ToArray());
    List<TableInfo> list=new List<TableInfo>();
    foreach (DataRow row in dt.Rows)
    {
        list.Add(new TableInfo()
```

```csharp
            {
                TId = Convert.ToInt32(row["tid"]),
                TTitle = row["ttitle"].ToString(),
                HallTitle = row["htitle"].ToString(),
                THallId = Convert.ToInt32(row["thallId"]),
                TIsFree = Convert.ToBoolean(row["tisFree"])
            });
        }
        return list;
    }
```

（4）在餐桌管理的"添加\修改"功能中，将餐桌名称添加到对应的文本框中，从"厅包"的下拉列表中选择厅包信息，并确定其是否在使用中，然后单击"添加"按钮完成信息的添加操作，代码如下：

```csharp
//单击"添加"按钮，触发单击事件
private void btnSave_Click(object sender, EventArgs e)
{
    //接收用户值，构造对象
    TableInfo ti=new TableInfo()
    {
        TTitle = txtTitle.Text,
        THallId = Convert.ToInt32(ddlHallAdd.SelectedValue),
        TIsFree = rbFree.Checked
    };
    if (txtId.Text == "添加时无编号")
    {
        #region 添加
        if (tiBll.Add(ti))
        {
            LoadList();
        }
        #endregion
    }
    else
    {
        #region 修改
        ti.TId = int.Parse(txtId.Text);
        if (tiBll.Edit(ti))
        {
            LoadList();
        }
        #endregion
    }
    //恢复控件值
    txtId.Text = "添加时无编号";
    txtTitle.Text = "";
    ddlHallAdd.SelectedIndex = 0;
```

```csharp
        rbFree.Checked = true;
        btnSave.Text = "添加";
        Refresh();
    }

    //调用 BLL 层的 Add 方法
    public bool Add(TableInfo ti)
    {
        return tiDal.Insert(ti) > 0;
    }

    //调用 DAL 层的 Insert 方法完成信息的添加
    public int Insert(TableInfo ti)
    {
        string sql = "insert into tableinfo(ttitle,thallid,tisFree,tisDelete)values(@title,@hid,@isfree,0)";
        SQLiteParameter[] ps =
        {
            new SQLiteParameter("@title", ti.TTitle),
            new SQLiteParameter("@hid", ti.THallId),
            new SQLiteParameter("@isfree", ti.TIsFree)
        };
        return SqliteHelper.ExecuteNonQuery(sql, ps);
    }

    //调用 BLL 层的 Edit 方法
    public bool Edit(TableInfo ti)
    {
        return tiDal.Update(ti) > 0;
    }

    //调用 DAL 层的 Update 方法完成对信息的修改
    public int Update(TableInfo ti)
    {
        string sql = "update tableinfo set ttitle=@title,thallid=@hid,tisfree=@isfree where tid=@id";
        SQLiteParameter[] ps =
        {
            new SQLiteParameter("@title", ti.TTitle),
            new SQLiteParameter("@hid", ti.THallId),
            new SQLiteParameter("@isfree", ti.TIsFree),
            new SQLiteParameter("@id", ti.TId)
        };
        return SqliteHelper.ExecuteNonQuery(sql, ps);
    }
```

（5）通过单击"删除选中的行数据"按钮触发相应的 Click 事件，代码如下：

```csharp
//触发按钮事件
private void btnRemove_Click(object sender, EventArgs e)
```

```csharp
            {
                int id = Convert.ToInt32(dgvList.SelectedRows[0].Cells[0].Value);
                DialogResult result = MessageBox.Show("确定要删除吗？", "提示",
                            MessageBoxButtons.OKCancel);
                if (result == DialogResult.OK)
                {
                    if (tiBll.Remove(id))
                    {
                        LoadList();
                    }
                }
                Refresh();
            }

            //调用 BLL 层的 Remove 方法
            public bool Remove(int id)
            {
                return tiDal.Delete(id) > 0;
            }

            //调用 DAL 层的 Delete 方法
            public int Delete(int id)
            {
                string sql = "update tableinfo set tisDelete=1 where tid=@id";
                SQLiteParameter p=new SQLiteParameter("@id",id);

                return SqliteHelper.ExecuteNonQuery(sql, p);
            }
```

（6）厅包管理，主要实现对餐厅厅包信息的统一管理。FormHallInfo 窗体的代码如下：

```csharp
            using System;
            using System.Collections.Generic;
            using System.ComponentModel;
            using System.Data;
            using System.Drawing;
            using System.Linq;
            using System.Text;
            using System.Threading.Tasks;
            using System.Windows.Forms;
            using CaterBll;
            using CaterModel;

            namespace CaterUI
            {
                public partial class FormHallInfo : Form
                {
                    public FormHallInfo()
```

```csharp
{
    InitializeComponent();

    hiBll=new HallInfoBll();
}
private HallInfoBll hiBll;
public event Action MyUpdateForm;
private void FormHallInfo_Load(object sender, EventArgs e)
{
    LoadList();
}
private void LoadList()
{
    dgvList.AutoGenerateColumns = false;
    dgvList.DataSource = hiBll.GetList();
}
private void btnSave_Click(object sender, EventArgs e)
{
    HallInfo hi=new HallInfo()
    {
        HTitle = txtTitle.Text
    };

    if (txtId.Text == "添加时无编号")
    {
        //添加
        if (hiBll.Add(hi))
        {
            LoadList();
        }
    }
    else
    {
        //修改
        hi.HId = int.Parse(txtId.Text);
        if (hiBll.Edit(hi))
        {
            LoadList();
        }
    }
    txtId.Text = "添加时无编号";
    txtTitle.Text = "";
    btnSave.Text = "添加";

    MyUpdateForm();
}
```

```csharp
        private void btnCancel_Click(object sender, EventArgs e)
        {
            txtId.Text = "添加时无编号";
            txtTitle.Text = "";
            btnSave.Text = "添加";
        }

        private void dgvList_CellDoubleClick(object sender, DataGridViewCellEventArgs e)
        {
            var row = dgvList.Rows[e.RowIndex];
            txtId.Text = row.Cells[0].Value.ToString();
            txtTitle.Text = row.Cells[1].Value.ToString();
            btnSave.Text = "修改";
        }

        private void btnRemove_Click(object sender, EventArgs e)
        {
            int id = Convert.ToInt32(dgvList.SelectedRows[0].Cells[0].Value);
            DialogResult result = MessageBox.Show("确定要删除吗？ ", "提示",
                            MessageBoxButtons.OKCancel);
            if (result == DialogResult.Cancel)
            {
                return;
            }
            if (hiBll.Remove(id))
            {
                LoadList();
            }
            //调用事件，事件中的方法都被执行
            MyUpdateForm();
        }
    }
}
```

（7）在厅包管理中，单击"添加"按钮触发相应的 Click 事件，从而完成对餐厅厅包信息的添加，代码如下：

```csharp
        private void btnSave_Click(object sender, EventArgs e)
        {
            HallInfo hi=new HallInfo()
            {
                HTitle = txtTitle.Text
            };
            if (txtId.Text == "添加时无编号")
            {
                if (hiBll.Add(hi))
                {
                    LoadList();
```

```csharp
                }
            }
            else
            {
                //修改
                hi.HId = int.Parse(txtId.Text);
                if (hiBll.Edit(hi))
                {
                    LoadList();
                }
            }
            txtId.Text = "添加时无编号";
            txtTitle.Text = "";
            btnSave.Text = "添加";
            MyUpdateForm();
        }

//调用 BLL 层，HallInfo 中的 Add 方法
public bool Add(HallInfo hi)
{
    return hiDal.Insert(hi) > 0;
}

//调用 DAL 层，HallInfo 中的 Insert 方法
public int Insert(HallInfo hi)
{
    string sql = "insert into hallinfo(htitle,hisDelete) values(@title,0)";
    SQLiteParameter p=new SQLiteParameter("@title",hi.HTitle);

    return SqliteHelper.ExecuteNonQuery(sql, p);
}
```

（8）在厅包管理中，单击"删除选中的行数据"按钮触发相应的 Click 事件，从而完成对所选厅包信息的删除，代码如下：

```csharp
private void btnRemove_Click(object sender, EventArgs e)
{
    int id = Convert.ToInt32(dgvList.SelectedRows[0].Cells[0].Value);
    DialogResult result = MessageBox.Show("确定要删除吗？", "提示",
                      MessageBoxButtons.OKCancel);
    if (result == DialogResult.Cancel)
    {
        return;
    }
    if (hiBll.Remove(id))
    {
        LoadList();
```

```
        }
        //调用事件,事件中的方法都被执行
        MyUpdateForm();
    }

    //调用 BLL,HallInfo 中的 Remove 方法
    public bool Remove(int id)
    {
        return hiDal.Delete(id) > 0;
    }

    //调用 DAL,HallInfo 中的 Delete 方法
    public int Delete(int id)
    {
        string sql = "update hallinfo set hIsDelete=1 where hid=@id";
        SQLiteParameter p=new SQLiteParameter("@id",id);
        return SqliteHelper.ExecuteNonQuery(sql, p);
    }
```

7.13 菜品管理模块设计

7.13.1 菜品管理模块概述

此模块是对菜品信息进行集中管理,极大地简化了在菜品查询上的问题,从而弱化了纸质菜品列表的劣势,菜品信息一目了然地呈现在人们面前,在对新的菜品进行添加时,操作更加方便、快捷。菜品管理模块的运行结果如图 7.20 所示。

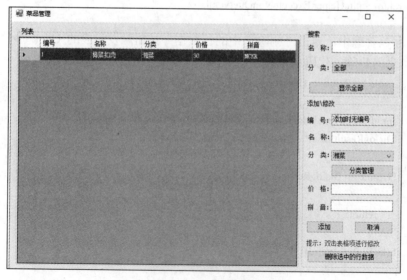

图 7.20 菜品管理图

7.13.2 菜品管理模块技术分析

在窗体的右侧使用"搜索"功能，在"名称"所对应的文本框中填写所要查询的菜品名称，也可在"分类"下拉列表中选择菜品的分类，然后进行相关信息的查询。在"添加\修改"功能中，可通过添加菜品相应名称选择菜品相应分类，添加其价格以及拼音，在查询时，也可通过菜品的拼音进行查询。还可通过单击"删除选中的行数据"按钮对所选中的菜品信息进行删除。

菜品管理模块窗体的代码如下：

```csharp
using System;
using System.Collections.Generic;
using System.ComponentModel;
using System.Data;
using System.Drawing;
using System.Linq;
using System.Text;
using System.Threading.Tasks;
using System.Windows.Forms;
using CaterBll;
using CaterCommon;
using CaterModel;

namespace CaterUI
{
    public partial class FormDishInfo : Form
    {
        public FormDishInfo()
        {
            InitializeComponent();
        }
        private DishInfoBll diBll=new DishInfoBll();

        private void FormDishInfo_Load(object sender, EventArgs e)
        {
            LoadTypeList();
            LoadList();
        }

        private void LoadList()
        {
            //拼接条件
            Dictionary<string,string> dic=new Dictionary<string, string>();
            if (txtTitleSearch.Text != "")
            {
                dic.Add("dtitle",txtTitleSearch.Text);
            }
            if (ddlTypeSearch.SelectedValue.ToString() != "0")
```

```csharp
            {
                dic.Add("DTypeId",ddlTypeSearch.SelectedValue.ToString());
            }

            dgvList.AutoGenerateColumns = false;
            dgvList.DataSource = diBll.GetList(dic);
        }

        private void LoadTypeList()
        {
            DishTypeInfoBll dtiBll=new DishTypeInfoBll();

            #region 绑定查询的下拉列表
            List<DishTypeInfo> list = dtiBll.GetList();
            //向 list 中插入数据
            list.Insert(0, new DishTypeInfo()
            {
                DId = 0,
                DTitle = "全部"
            });

            ddlTypeSearch.DataSource = list;
            ddlTypeSearch.ValueMember = "did";           //对应于 SelectedValue 属性
            ddlTypeSearch.DisplayMember = "dtitle";      //用于显示的值
            #endregion

            #region 绑定添加的下拉列表
            ddlTypeAdd.DataSource = dtiBll.GetList();
            ddlTypeAdd.DisplayMember = "dtitle";
            ddlTypeAdd.ValueMember = "did";
            #endregion
        }

        private void txtTitleSearch_Leave(object sender, EventArgs e)
        {
            LoadList();
        }

        private void ddlTypeSearch_SelectedIndexChanged(object sender, EventArgs e)
        {
            LoadList();
        }

        private void btnSearchAll_Click(object sender, EventArgs e)
        {
            txtTitleSearch.Text = "";
```

```csharp
            ddlTypeSearch.SelectedIndex = 0;      //全部
            LoadList();
        }

        private void btnSave_Click(object sender, EventArgs e)
        {
            //收集用户输入信息
            DishInfo di=new DishInfo()
            {
                DTitle = txtTitleSave.Text,
                DChar = txtChar.Text,
                DPrice = Convert.ToDecimal(txtPrice.Text),
                DTypeId = Convert.ToInt32(ddlTypeAdd.SelectedValue)
            };

            if (txtId.Text == "添加时无编号")
            {
                #region 添加
                if (diBll.Add(di))
                {
                    LoadList();
                }
                else
                {
                    MessageBox.Show("怎么加的");
                }
                #endregion
            }
            else
            {
                #region 修改
                di.DId = int.Parse(txtId.Text);
                if (diBll.Update(di))
                {
                    LoadList();
                }
                else
                {
                    MessageBox.Show("你是猴子请来的救兵吗？");
                }
                #endregion
            }

            #region 恢复控件
            txtId.Text = "添加时无编号";
            txtTitleSave.Text = "";
            txtPrice.Text = "";
```

```csharp
            txtChar.Text = "";
            ddlTypeAdd.SelectedIndex = 0;
            #endregion
        }

        private void txtTitleSave_Leave(object sender, EventArgs e)
        {
            txtChar.Text = PinyinHelper.GetPinyin(txtTitleSave.Text);
        }

        private void btnCancel_Click(object sender, EventArgs e)
        {
            txtId.Text = "添加时无编号";
            txtTitleSave.Text = "";
            txtPrice.Text = "";
            txtChar.Text = "";
            ddlTypeAdd.SelectedIndex = 0;
        }

        private void dgvList_CellDoubleClick(object sender, DataGridViewCellEventArgs e)
        {
            var row = dgvList.Rows[e.RowIndex];
            txtId.Text = row.Cells[0].Value.ToString();
            txtTitleSave.Text = row.Cells[1].Value.ToString();
            ddlTypeAdd.Text = row.Cells[2].Value.ToString();
            txtPrice.Text = row.Cells[3].Value.ToString();
            txtChar.Text = row.Cells[4].Value.ToString();
            btnSave.Text = "修改";
        }

        private void btnAddType_Click(object sender, EventArgs e)
        {
            FormDishTypeInfo formDti=new FormDishTypeInfo();
            DialogResult result = formDti.ShowDialog();
            if (result == DialogResult.OK)
            {
                LoadTypeList();
                LoadList();
            }
        }

        private void btnRemove_Click(object sender, EventArgs e)
        {
            int id = Convert.ToInt32(dgvList.SelectedRows[0].Cells[0].Value);
            DialogResult result = MessageBox.Show("确定要删除吗？", "提示",
                        MessageBoxButtons.OKCancel);
```

```
            if (result == DialogResult.OK)
            {
                if (diBll.Remove(id))
                {
                    LoadList();
                }
                else
                {
                    MessageBox.Show("****");
                }
            }
        }
    }
}
```

7.13.3 菜品管理模块实现过程

该模块需要使用的数据表是 DishInfo 和 DishTypeInfo。

菜品管理模块的具体实现步骤如下：

（1）新建一个 Windows 窗体，命名为 FormDishInfo.cs，主要用于实现菜品管理的功能，然后将相关控件添加到该窗体中。窗体如图 7.21 所示。

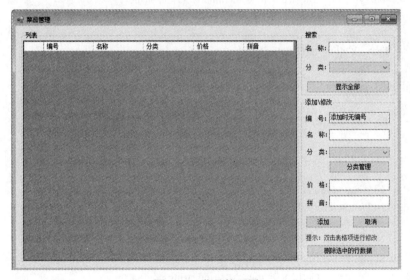

图 7.21 菜品管理图

（2）新建一个 Windows 窗体，命名为 FormDishTypeInfo.cs，然后将相关控件添加到该窗体中，其主要用于实现菜品分类管理的功能。窗体如图 7.22 所示。

（3）在菜品管理的"名称"所对应的文本框中输入菜品的名称，然后在"分类"下拉列表中选择菜品分类信息，然后单击"显示全部"按钮进行菜品信息查询，代码如下：

```
//触发 Click 事件
private void btnSearchAll_Click(object sender, EventArgs e)
```

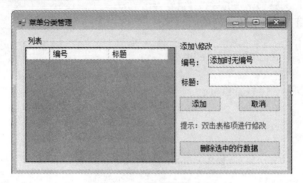

图 7.22　菜品分类管理图

```
{
    txtTitleSearch.Text = "";
    ddlTypeSearch.SelectedIndex = 0;        //全部
    LoadList();
}

//调用 LoadList 方法进行查询显示
private void LoadList()
{
    //拼接条件
    Dictionary<string,string> dic=new Dictionary<string, string>();
    if (txtTitleSearch.Text != "")
    {
        dic.Add("dtitle",txtTitleSearch.Text);
    }
    if (ddlTypeSearch.SelectedValue.ToString() != "0")
    {
        dic.Add("DTypeId",ddlTypeSearch.SelectedValue.ToString());
    }


    dgvList.AutoGenerateColumns = false;
    dgvList.DataSource = diBll.GetList(dic);
}

//调用 BLL 层的 GetList 方法
public List<DishInfo> GetList(Dictionary<string,string> dic)
{
    return diDal.GetList(dic);
}

//调用 DAL 层的 GetList 方法完成查询显示
public List<DishInfo> GetList(Dictionary<string,string> dic)
{
    string sql = @"select di.*,dti.dtitle as dTypeTitle
```

```csharp
            from dishinfo as di
            inner join dishtypeinfo as dti
            on di.dtypeid=dti.did
            where di.dIsDelete=0 and dti.dIsDelete=0";

    List<SQLiteParameter> listP=new List<SQLiteParameter>();
    //接收筛选条件
    if (dic.Count > 0)
    {
        //sql += " and di.属性  like '%值%'";
        foreach (var pair in dic)
        {
            //sql += " and di.dtitle like @dtitle";
            sql += " and di." + pair.Key + " like @"+pair.Key;
            listP.Add(new SQLiteParameter("@" + pair.Key, "%" + pair.Value +"%"));
            //@dtitle,%abc%
        }
    }

    DataTable dt = SqliteHelper.GetDataTable(sql,listP.ToArray());
    List<DishInfo> list=new List<DishInfo>();
    foreach (DataRow row in dt.Rows)
    {
        list.Add(new DishInfo()
        {
            DId = Convert.ToInt32(row["did"]),
            DTitle = row["dtitle"].ToString(),
            DTypeTitle = row["dtypeTitle"].ToString(),
            DChar = row["dchar"].ToString(),
            DPrice = Convert.ToDecimal(row["dprice"])
        });
    }
    return list;
}
```

（4）在菜品管理的"添加\修改"功能中，可通过添加菜品的名称、选择菜品的分类、填写菜品的价格和拼音以便后续查询使用，代码如下：

```csharp
//单击"添加"按钮，触发单击事件
private void btnSave_Click(object sender, EventArgs e)
{
    //收集用户输入信息
    DishInfo di=new DishInfo()
    {
        DTitle = txtTitleSave.Text,
        DChar = txtChar.Text,
        DPrice = Convert.ToDecimal(txtPrice.Text),
        DTypeId = Convert.ToInt32(ddlTypeAdd.SelectedValue)
```

```csharp
        };

        if (txtId.Text == "添加时无编号")
        {
            #region 添加
            if (diBll.Add(di))
            {
                LoadList();
            }
            else
            {
                MessageBox.Show("怎么加的");
            }
            #endregion
        }
        else
        {
            #region 修改
            di.DId = int.Parse(txtId.Text);
            if (diBll.Update(di))
            {
                LoadList();
            }
            else
            {
                MessageBox.Show("你是猴子请来的救兵吗？");
            }
            #endregion
        }
        #region 恢复控件
        txtId.Text = "添加时无编号";
        txtTitleSave.Text = "";
        txtPrice.Text = "";
        txtChar.Text = "";
        ddlTypeAdd.SelectedIndex = 0;
        #endregion
}

//调用 BLL 层的 Add 方法
public bool Add(DishInfo di)
{
    return diDal.Insert(di) > 0;
}

//调 DAL 层的 Insert 方法，完成添加功能
public int Insert(DishInfo di)
```

```csharp
{
    string sql = "insert into dishinfo(dtitle,dtypeid,dprice,dchar,dIsDelete)
                    values(@title,@tid,@price,@dchar,0)";
    SQLiteParameter[] p =
    {
        new SQLiteParameter("@title",di.DTitle),
        new SQLiteParameter("@tid",di.DTypeId),
        new SQLiteParameter("@price",di.DPrice),
        new SQLiteParameter("@dchar",di.DChar)
    };
    return SqliteHelper.ExecuteNonQuery(sql, p);
}

//调 BLL 层的 Update 方法
public bool Update(DishInfo di)
{
    return diDal.Update(di) > 0;
}

//调 DAL 层的 Update 方法,完成修改功能
public int Update(DishInfo di)
{
    string sql = "update dishinfo set dtitle=@title,dtypeid=@tid,dprice=@price,dchar=@dchar
                    where did=@id";
    SQLiteParameter[] ps =
    {
        new SQLiteParameter("@title",di.DTitle),
        new SQLiteParameter("@tid",di.DTypeId),
        new SQLiteParameter("@price",di.DPrice),
        new SQLiteParameter("@dchar",di.DChar),
        new SQLiteParameter("@id",di.DId)
    };
    return SqliteHelper.ExecuteNonQuery(sql, ps);
}
```

(5)单击"删除选中的行数据"按钮,触发相应的 Click 事件,完成对所选中菜品信息的删除操作,代码如下:

```csharp
private void btnRemove_Click(object sender, EventArgs e)
{
    int id = Convert.ToInt32(dgvList.SelectedRows[0].Cells[0].Value);
    DialogResult result = MessageBox.Show("确定要删除吗？","提示",
                    MessageBoxButtons.OKCancel);
    if (result == DialogResult.OK)
    {
        if (diBll.Remove(id))
        {
            LoadList();
```

```csharp
        }
        else
        {
            MessageBox.Show("****");
        }
    }
}

//调 BLL 层的 Remove 方法
public bool Remove(int id)
{
    return diDal.Delete(id) > 0;
}

//调 DAL 层的 Delete 方法，完成对菜品信息的删除
public int Delete(int id)
{
    string sql = "update dishinfo set dIsDelete=1 where did=@id";
    SQLiteParameter p = new SQLiteParameter("@id", id);
    return SqliteHelper.ExecuteNonQuery(sql, p);
}
```

（6）菜品分类管理，主要完成对菜品类型信息的管理。分类管理窗体的代码如下：

```csharp
using System;
using System.Collections.Generic;
using System.ComponentModel;
using System.Data;
using System.Drawing;
using System.Linq;
using System.Text;
using System.Threading.Tasks;
using System.Windows.Forms;
using CaterBll;
using CaterModel;

namespace CaterUI
{
    public partial class FormDishTypeInfo : Form
    {
        public FormDishTypeInfo()
        {
            InitializeComponent();
        }
        DishTypeInfoBll dtiBll=new DishTypeInfoBll();
        private int rowIndex = -1;
        private DialogResult result = DialogResult.Cancel;
```

```csharp
private void FormDishTypeInfo_Load(object sender, EventArgs e)
{
    LoadList();
}

private void LoadList()
{
    //设置列自动适应宽度
    //dgvList.AutoSizeColumnsMode = DataGridViewAutoSizeColumnsMode.Fill;
    dgvList.AutoGenerateColumns = false;
    dgvList.DataSource = dtiBll.GetList();
    //设置某行选中
    if (rowIndex >= 0)
    {
        dgvList.Rows[rowIndex].Selected = true;
    }
}

private void btnSave_Click(object sender, EventArgs e)
{
    //根据用户输入构造对象
    DishTypeInfo dti=new DishTypeInfo()
    {
        DTitle = txtTitle.Text
    };
    if (txtId.Text == "添加时无编号")
    {
        //添加
        if (dtiBll.Add(dti))
        {
            LoadList();
        }
        else
        {
            MessageBox.Show("添加失败，请稍后重试");
        }
    }
    else
    {
        //修改
        dti.DId = int.Parse(txtId.Text);
        if (dtiBll.Edit(dti))
        {
            LoadList();
        }
        else
```

```csharp
            {
                MessageBox.Show("修改失败，请稍后重试");
            }
        }
        //清除控件值
        txtId.Text = "添加时无编号";
        txtTitle.Text = "";
        btnSave.Text = "添加";

        this.result = DialogResult.OK;
    }

    private void btnCancel_Click(object sender, EventArgs e)
    {
        //清除控件值
        txtId.Text = "添加时无编号";
        txtTitle.Text = "";
        btnSave.Text = "添加";
    }

    private void dgvList_CellDoubleClick(object sender, DataGridViewCellEventArgs e)
    {
        var row = dgvList.Rows[e.RowIndex];

        txtId.Text = row.Cells[0].Value.ToString();
        txtTitle.Text = row.Cells[1].Value.ToString();
        btnSave.Text = "修改";

        //记录被点击的行的索引，用于刷新后再次选中
        rowIndex = e.RowIndex;
    }

    private void btnRemove_Click(object sender, EventArgs e)
    {
        var row = dgvList.SelectedRows[0];
        int id = Convert.ToInt32(row.Cells[0].Value);

        DialogResult result = MessageBox.Show("确定要删除吗？", "提示",
                        MessageBoxButtons.OKCancel);
        if (result ==DialogResult.Cancel)
        {
            return;
        }
        if (dtiBll.Delete(id))
        {
            LoadList();
```

```
                }
                else
                {
                    MessageBox.Show("删除失败，请稍后重试");
                }
                this.result = DialogResult.OK;
            }

            private void FormDishTypeInfo_FormClosing(object sender, FormClosingEventArgse)
            {
                this.DialogResult = this.result;
            }
        }
```

（7）菜品分类管理中，在"标题"所对应的文本框中添加菜品的类型，然后单击"添加"按钮，完成对菜品类型的添加，代码如下：

```
private void btnSave_Click(object sender, EventArgs e)
{
    //根据用户输入构造对象
    DishTypeInfo dti=new DishTypeInfo()
    {
        DTitle = txtTitle.Text
    };
    if (txtId.Text == "添加时无编号")
    {
        if (dtiBll.Add(dti))
        {
            LoadList();
        }
        else
        {
            MessageBox.Show("添加失败，请稍后重试");
        }
    }
    else
    {
        //修改
        dti.DId = int.Parse(txtId.Text);
        if (dtiBll.Edit(dti))
        {
            LoadList();
        }
        else
        {
            MessageBox.Show("修改失败，请稍后重试");
```

```csharp
            }
        }
        //清除控件值
        txtId.Text = "添加时无编号";
        txtTitle.Text = "";
        btnSave.Text = "添加";
        this.result = DialogResult.OK;
    }


    //调用 BLL，DishTypeInfo 中的 Add 方法
    public bool Add(DishTypeInfo dti)
    {
        return dtiDal.Insert(dti) > 0;
    }


    //调用 DAL，DishTypeInfo 中的 Insert 方法
    public int Insert(DishTypeInfo dti)
    {
        string sql = "insert into dishtypeinfo(dtitle,dIsDelete) values(@title,0)";
        SQLiteParameter p=new SQLiteParameter("@title",dti.DTitle);
        return SqliteHelper.ExecuteNonQuery(sql, p);
    }
```

（8）在菜品分类管理中，单击"删除所选中的行数据"按钮，完成对菜品类型的删除，代码如下：

```csharp
    private void btnRemove_Click(object sender, EventArgs e)
    {
        var row = dgvList.SelectedRows[0];
        int id = Convert.ToInt32(row.Cells[0].Value);

        DialogResult result = MessageBox.Show("确定要删除吗？", "提示",
                        MessageBoxButtons.OKCancel);
        if (result ==DialogResult.Cancel)
        {
            return;
        }
        if (dtiBll.Delete(id))
        {
            LoadList();
        }
        else
        {
            MessageBox.Show("删除失败，请稍后重试");
        }
        this.result = DialogResult.OK;
    }
```

```
//调用 BLL，DishTypeInfo 中的 Delete 方法
public bool Delete(int id)
{
    return dtiDal.Delete(id) > 0;
}

//调用 DAL，DishTypeInfo 中的 Delete 方法完成删除操作
public int Delete(int id)
{
    string sql = "update dishtypeinfo set dIsDelete=1 where did=@id";
    SQLiteParameter p=new SQLiteParameter("@id",id);

    return SqliteHelper.ExecuteNonQuery(sql, p);
}
```

7.14 结账付款模块设计

7.14.1 结账付款模块概述

此模块是完成结账付款的功能，从而减少人们的工作量，在结账付款时，可以不用再通过人工计算应支付的钱数，从而减少在人工计算过程中可能出现的错误，提高结算时的效率。结账付款模块的运行结果如图 7.23 所示。

图 7.23 结账付款图

7.14.2 结账付款模块技术分析

在进行结算时，先可以选择是否是会员，如果是会员可输入会员的编号以及手机号，在进行支付时，可以选择使用账户余额来进行支付，如果是会员的话，还可以有折扣优惠。结账付款窗体代码如下：

```
using System;
using System.Collections.Generic;
using System.ComponentModel;
using System.Data;
```

```csharp
using System.Drawing;
using System.Linq;
using System.Text;
using System.Threading.Tasks;
using System.Windows.Forms;
using CaterBll;
using CaterModel;

namespace CaterUI
{
    public partial class FormOrderPay : Form
    {
        public FormOrderPay()
        {
            InitializeComponent();
        }
        private OrderInfoBll oiBll=new OrderInfoBll();
        private int orderId;
        public event Action Refresh;

        private void FormOrderPay_Load(object sender, EventArgs e)
        {
            //获取传递过来的订单编号
            orderId = Convert.ToInt32(this.Tag);

            gbMember.Enabled = false;

            GetMoneyByOrderId();
        }

        private void GetMoneyByOrderId()
        {
            lblPayMoney.Text=lblPayMoneyDiscount.Text=
                oiBll.GetTotalMoneyByOrderId(orderId).ToString();
        }

        private void cbkMember_CheckedChanged(object sender, EventArgs e)
        {
            gbMember.Enabled = cbkMember.Checked;
        }

        private void LoadMember()
        {
            //根据会员编号和会员电话进行查询
            Dictionary<string,string> dic=new Dictionary<string, string>();
            if (txtId.Text != "")
```

```csharp
        {
            dic.Add("mid",txtId.Text);
        }
        if (txtPhone.Text != "")
        {
            dic.Add("mPhone",txtPhone.Text);
        }

        MemberInfoBll miBll=new MemberInfoBll();
        var list = miBll.GetList(dic);
        if (list.Count > 0)
        {
            //根据信息查到了会员
            MemberInfo mi = list[0];
            lblMoney.Text = mi.MMoney.ToString();
            lblTypeTitle.Text = mi.MTypeTitle;
            lblDiscount.Text = mi.MDiscount.ToString();

            //计算折扣价
            lblPayMoneyDiscount.Text =(Convert.ToDecimal(lblPayMoney.Text)*
                    Convert.ToDecimal(lblDiscount.Text)).ToString();
        }
        else
        {
            MessageBox.Show("会员信息有误");
        }
    }

    private void txtId_Leave(object sender, EventArgs e)
    {
        LoadMember();
    }

    private void txtPhone_Leave(object sender, EventArgs e)
    {
        LoadMember();
    }

    private void btnOrderPay_Click(object sender, EventArgs e)
    {
        //1. 根据是否使用余额决定扣款方式
        //2. 将订单状态 IsPage=1
        //3. 将餐桌状态 IsFree=1
        if (oiBll.Pay(cbkMoney.Checked, int.Parse(txtId.Text),
                Convert.ToDecimal(lblPayMoneyDiscount.Text), orderId,
                Convert.ToDecimal(lblDiscount.Text)))
```

```
            {
                //MessageBox.Show("结账成功");
                Refresh();
                this.Close();
            }
            else
            {
                MessageBox.Show("结账失败");
            }
        }
        private void btnCancel_Click(object sender, EventArgs e)
        {
            this.Close();
        }
    }
}
```

7.14.3 结账付款模块实现过程

该模块需要使用的数据表是 OrderInfo 和 OrderDetailInfo。

结账付款模块的具体实现步骤如下：

（1）新建一个 Windows 窗体，命名为 FormOrderPay.cs，主要用于实现结账付款的功能，然后将相关控件添加到该窗体中。窗体如图 7.24 所示。

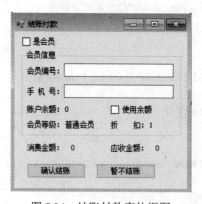

图 7.24 结账付款窗体框图

（2）在选择框中选择是否是会员，若是会员，则填写会员编号、手机号以及是否使用账户余额，然后单击"确认结账"按钮进行结算，代码如下：

```
//根据会员编号和会员电话进行查询
private void LoadMember()
{
    Dictionary<string,string> dic=new Dictionary<string, string>();
    if (txtId.Text != "")
    {
        dic.Add("mid",txtId.Text);
```

```csharp
    }
    if (txtPhone.Text != "")
    {
        dic.Add("mPhone",txtPhone.Text);
    }

    MemberInfoBll miBll=new MemberInfoBll();
    var list = miBll.GetList(dic);
    if (list.Count > 0)
    {
        //根据信息查到了会员
        MemberInfo mi = list[0];
        lblMoney.Text = mi.MMoney.ToString();
        lblTypeTitle.Text = mi.MTypeTitle;
        lblDiscount.Text = mi.MDiscount.ToString();

        //计算折扣价
        lblPayMoneyDiscount.Text =(Convert.ToDecimal(lblPayMoncy.Text)*
            Convert.ToDecimal(lblDiscount.Text)).ToString();
    }
    else
    {
        MessageBox.Show("会员信息有误");
    }
}

//调用 BLL 层的 GetList 方法
public List<MemberInfo> GetList(Dictionary<string,string> dic)
{
    return miDal.GetList(dic);
}

//调用 DAL 层的 GetList 方法实现查询功能
public List<MemberInfo> GetList(Dictionary<string,string> dic)
{
    //连接查询，得到会员类型的名字
    string sql = "select mi.*,mti.mTitle as MTypeTitle,mti.mDiscount " +
    "from MemberInfo as mi " +
    "inner join MemberTypeInfo as mti " +
    "on mi.mTypeId=mti.mid " +
    "where mi.mIsDelete=0 and mti.mIsDelete=0";
    // +"and mname like '%sadf%'";

    List<SQLiteParameter> listP=new List<SQLiteParameter>();
    //拼接条件
    if (dic.Count > 0)
```

```csharp
        {
            foreach (var pair in dic)
            {
                //" and mname like @mname"
                sql += " and mi." + pair.Key + " like @"+pair.Key;
                //@mname,'%abc%'
                listP.Add(new SQLiteParameter("@"+pair.Key,"%"+pair.Value+"%"));
            }
        }

        //执行得到结果集
        DataTable dt = SqliteHelper.GetDataTable(sql,listP.ToArray());
        //定义 list，完成转存
        List<MemberInfo> list=new List<MemberInfo>();

        foreach (DataRow row in dt.Rows)
        {
            list.Add(new MemberInfo()
            {
                MId = Convert.ToInt32(row["mid"]),
                MName = row["mname"].ToString(),
                MPhone = row["mphone"].ToString(),
                MMoney = Convert.ToDecimal(row["mmoney"]),
                MTypeId = Convert.ToInt32(row["MTypeId"]),
                MTypeTitle =row["MTypeTitle"].ToString(),
                MDiscount = Convert.ToDecimal(row["mDiscount"])
            });
        }
        return list;
    }

    //单击"确认结账"按钮触发 Click 事件
    private void btnOrderPay_Click(object sender, EventArgs e)
    {
        //1. 根据是否使用余额决定扣款方式
        //2. 将订单状态 IsPage=1
        //3. 将餐桌状态 IsFree=1

        if(oiBll.Pay(cbkMoney.Checked,int.Parse(txtId.Text),
                Convert.ToDecimal(lblPayMoneyDiscount.Text), orderId,
                Convert.ToDecimal(lblDiscount.Text)))
        {
            //MessageBox.Show("结账成功");
            Refresh();
            this.Close();
        }
```

```csharp
        else
        {
            MessageBox.Show("结账失败");
        }
}

//调用 BLL 层的 Pay 方法
public bool Pay(bool isUseMoney, int memberId, decimal payMoney, int orderid, decimal discount)
{
    return oiDal.Pay(isUseMoney, memberId, payMoney, orderid, discount) > 0;
}

//调用 DAL 层的 Pay 方法完成支付功能
public int Pay(bool isUseMoney,int memberId,decimal payMoney,int orderid,decimal discount)
{
    //创建数据库的连接对象
    using (SQLiteConnection conn = new SQLiteConnection(System.Configuration.
            ConfigurationManager.ConnectionStrings["itcastCater"].ConnectionString))
    {
        int result = 0;
        //由数据库连接对象创建事务
        conn.Open();
        SQLiteTransaction tran = conn.BeginTransaction();
        //创建 command 对象
        SQLiteCommand cmd=new SQLiteCommand();
        //将命令对象启用事务
        cmd.Transaction = tran;
        //执行各命令
        string sql = "";
        SQLiteParameter[] ps;
        try
        {
            //1. 根据是否使用余额决定扣款方式
            if (isUseMoney)
            {
                //使用余额
                sql = "update MemberInfo set mMoney=mMoney-@payMoney where mid=@mid";
                ps = new SQLiteParameter[]
                {
                    new SQLiteParameter("@payMoney", payMoney),
                    new SQLiteParameter("@mid", memberId)
                };
                cmd.CommandText = sql;
                cmd.Parameters.AddRange(ps);
                result+=cmd.ExecuteNonQuery();
            }
```

```csharp
            //2. 将订单状态 IsPage=1
            sql = "update orderInfo set isPay=1,memberId=@mid,discount=@discount where oid=@oid";
            ps = new SQLiteParameter[]
            {
                new SQLiteParameter("@mid", memberId),
                new SQLiteParameter("@discount", discount),
                new SQLiteParameter("@oid", orderid)
            };
            cmd.CommandText = sql;
            cmd.Parameters.Clear();
            cmd.Parameters.AddRange(ps);
            result += cmd.ExecuteNonQuery();

            //3. 将餐桌状态 IsFree=1
            sql = "update tableInfo set tIsFree=1 where tid=(select tableId from orderinfo where oid=@oid)";
            SQLiteParameter p = new SQLiteParameter("@oid", orderid);
            cmd.CommandText = sql;
            cmd.Parameters.Clear();
            cmd.Parameters.Add(p);
            result += cmd.ExecuteNonQuery();
            //提交事务
            tran.Commit();
        }
        catch
        {
            result = 0;
            //回滚事务
            tran.Rollback();
        }
        return result;
    }
}
```

参考文献

[1] 张娜，魏新红. C#可视化编程技术[M]. 北京：清华大学出版社，2015.

[2] 唐大仕. C#程序设计教程. 2版[M]. 北京：清华大学出版社，2018.

[3] 武汉厚溥教育科技有限公司. WinForm技术应用[M]. 北京：清华大学出版社，2014.

[4] 郑阿奇，梁敬东. C#程序设计教程. 3版[M]. 北京：机械工业出版社，2015.

[5] 刘甫迎. C#程序设计教程. 4版[M]. 北京：电子工业出版社，2015.

[6] 青岛英谷教育科技股份有限公司. WinForm程序设计及实践[M]. 西安：西安电子科技大学出版社，2015.

[7] 罗福强，杨剑，张敏辉. C#程序设计经典教程. 3版[M]. 北京：清华大学出版社，2018.

[8] 王斌，秦婧，刘存勇. C#程序设计从入门到实战（微课版）[M]. 北京：清华大学出版社，2018.

[9] Karli Watson，Jacob Vibe Hammer，Jon D Reid. C#入门经典. 7版[M]. 齐立波，黄俊伟，译. 北京：清华大学出版社，2016.

[10] [美] Daniel M.Solis. C#图解教程. 4版[M]. 姚琪琳，苏林，朱晔，等译. 北京：人民邮电出版社，2013.

[11] 罗福强，李瑶. C#程序开发教程[M]. 北京：人民邮电出版社，2017.

[12] 王斌，秦婧，刘存勇. C#程序设计从入门到实战[M]. 北京：清华大学出版社，2018.

[13] 周家安. C#6.0学习笔记——从第一行C#代码到第一个项目设计[M]. 北京：清华大学出版社，2016.

[14] 明日科技. C#项目开发实战入门（全彩版）[M]. 长春：吉林大学出版社，2017.

[15] 曹化宇. 程序员典藏·C#开发实用指南：方法与实践[M]. 北京：清华大学出版社，2018.

[16] 刘春茂，李琪. C#程序开发案例课堂[M]. 北京：清华大学出版社，2018.